Thailand

관광,
문화,
음식 이야기

Thailand 관광, 문화, 음식이야기

인쇄일 2019년 10월 15일
발행일 2019년 10월 25일

지은이 차종환(한미 교육연구원 원장) · 박상준 · 장병우
대 표 장삼기
펴낸이 백선영
펴낸곳 도서출판 사사연

등록번호 제10 – 1912호
등록일 2000년 2월 8일
주소 서울시 강서구 강서로 15길 139 (A601)
전화 02-393-2510, 010-4413-0870
팩스 02-393-2511

인쇄 성실인쇄
홈페이지 www.ssyeun.co.kr
이메일 sasayon@naver.com

값 16,000원
ISBN 979-11-89137-03-8 03980

✲ 이책의 일부사진은 (Pixabay)로부터 입수된 이미지 입니다.

Thailand
태국

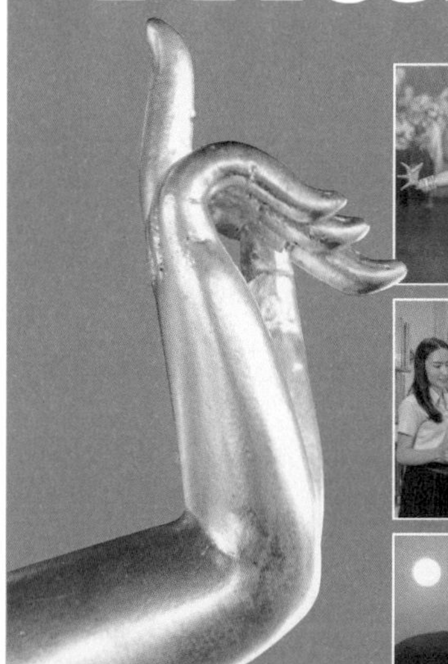

관광, 문화, 음식 이야기

차종환 박사(한미 교육연구원 원장)
박상준
장병우 지음

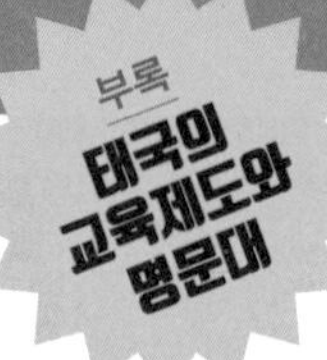

부록
태국의 교육제도와 명문대

도서출판 사사연

CONTENTS

제1편 태국의 개요

제1장 태국의 상식

제2장 태국의 관광 및 역사

제2편 태국의 관광 명소

제1장 태국 중심부(방콕)

제2장 태국 북부

CONTENTS

제2장 태국의 다민족 다문화

CONTENTS

머리말

민주 평화 통일 자문회의 제 18기 미주지역 행사(3/7~3/10/18)에 앞서 태국 관광 행사에 참여할 기회를 얻었다. 관광 일행은 50여 명이 넘었고 일행 중에는 공동 저자인 박상준, 장병우 동지가 동행했다. 필자들이 답사하지 못한 관광지의 정보는 해박한 관광 가이드 이경호씨의 도움을 받았다. 또한 먼저 답사한 사람들의 저서를 참고했다.

이번에 답사한 태국은 한국과의 수교 역사가 1958년에 이루어졌으니 61년을 맞이하고 있다. 그러나 두 나라의 실질적 교류는 이보다 앞서 1950년 6.25전쟁 때 UN군의 일원으로 태국 군이 참전했을 때부터 이다. 이로 인해 양국은 계속 우호관계를 유지하고 있다. 지금 태국에서는 한류의 영향으로 태국 젊은이들 중심으로 한국에 대한 인식이 달라지고 있다. 오늘날 태국을 찾는 한국인은 연간 100만 명이 넘고 태국인이 한국을 방문하는 인구도 30만 명 이

상이라고 한다. 또한 태국인이 한국에 거주하는 태국인도 9만 명이 넘는다고 한다. 태국은 문재인 정부의 남방정책으로 더욱 관심이 쏠리는 나라이다. 지금 우리는 통신과 교통의 발달로 지구촌이라는 말이 실감나는 세계화 및 개방화 시대에 살고 있다.

세계화란 거창한 것도 아니고 대단한 변화를 요구하는 것도 아니다. 타국에서 장점으로 보이는 것, 느껴지는 것 중에서 조금씩 바꾸면 되는 것이다. 한국은 우리도 모르는 사이에 폐쇄주의적이고 배타주의적 사고방식에 젖어 있다. 이것을 격파해야 한다. 다른 나라의 우수한 면을 받아들이는 것이 열린사회를 만드는 길이요, 세계화로 가는 과정이다. 타국의 교육제도 중 본받을 만한 것이 있으면 받아들이는 것이 세계화 교육이다. 국제화 시대에 우리 것을 계승 발전시키는 것도 중요하지만 외국의 전통문화 교육제도를 파악하고 장점을 찾아 우리 것으로 소화시키는 것도 중요하다.

급증하는 해외 관광과 유학 수요에 본서가 길잡이 역할을 했으면 한다. 타국의 명소에서 얻은 선조들의 의식, 전통 문화 뿐만 아니라 교육 철학을 파악하여 관광객 및 유학을 꿈꾸는 사람들에게 조금이나마 도움이 되었으면 하는 의도에서 필자들이 답사한 나라들의 명소와 명문대 그리고 일반 상식, 전통 및 음식문화를 가급적 많이 열거 하려고 노력했다. 이런 취지에서 본서는 제 1편에서 일반 정보를 살피고 제 2편에 태국의 관광 명소를 방콕 중심, 태국의 북부 및 태국의 남부 별로 나누어 집필했다. 제 3편에 태국의 전통 문화 의식 및 태국의 음식문화를 기술하고 제 4편에 태국의 교육 및 명문대학을 소개했다. 이번 여행에 도움을 주신 한미교육 연구원 이사 및 이종희님께 감사드립니다. 이 책을 발간하기까지 365일 24시간 불가능이 없는 곳으로 알려진 태양여행사의 직원이 직접 현지까지 동행하여 도와 주심에 써니 최사장님과 직원 분들께 감사하고 책을 교정, 감수하여 주신 골드핑거 김병호 장로님께 감사를 표하며 책을 펴냅니다. 또한 어려운 여건 하에서도 본서 출판에 동의하여 주신 사사연 출판사 장삼기 사장님께 감사드립니다.

제1편

태국의 개요

제1장

태국의 상식

1. 태국의 일반상식

위치는 중국 남부 말레이 반도 상부이며 동남아시아의 중앙에 자리하고 있다. 남쪽으로는 인도차이나 말레이 반도의 말레이시아와 북쪽과 서쪽으로는 미얀마(구 버마)와 라오스, 동쪽으로는 캄보디아와 서쪽으로 미얀마 일부 국경을 접하고 있다. 기후는 아열대 몬순 기후, 남서풍이 부는 5~10월은 우기이고 북쪽에서 건조한 바람이 부는 11~5월은 건기로 구분된다. 우기에도 며칠씩 지속적으로 비가 내리기보다는 1일 1~2회 정도 20~30분의 강한 비가 내리

방콕의 랜드마크 싸오칭차

태국주변의 대리석 사찰, 관광객이 항상 붐빈다.

는 스콜 현상이 이어진다. 연평균 강우량은 1,650mm 이상이다. 중부와 남부는 1년 내내 더운 편, 3~5월에는 35℃이상의 무더운 날씨가 이어진다. 북부지방은 12월을 전후해 밤 기온이 20℃ 아래로 내려가는 등 다소 쌀쌀하다. 수도는 방콕(Bangkok, 인구 830만 명). 전국인구는 약 6,600만(2013년)명. 면적은 51.4만㎢(한국의 2.3배). 민족구성은 타이족(85%), 화교(12%), 말레이족(2%), 기타(1%). 언어는 타이어(공용어), 중국어, 말레이어를 사용한다. 국가성립은 1932년 입헌 군주국으로 개혁, 재외동포 수는('12) 20,000명이다.

태국의 정식 명칭은 킹덤 오브 타일랜드 Kingdom of Thailand이다. 태국어로 '쁘라텟 타이'라고 불리며 자유의 나라라는 뜻이다. 지형은 국토의 28%가 삼림 지대로 이루어져 있으며 약 41%가량은 경작지로 사용되고 있다. 산림이 풍부한 주로 산악 지형으로 이루어진 북부 지역과 쌀 농경지의 핵심인 중부 평야 지역이 있다. 준 농경지인 북동부 고원 지역과 아름다운 열대섬, 남북으로 긴 해안을 가진 남부 반도 지역 등 천혜의 자연환경을 가지고 있다.

태국의 화폐 단위는 '밧 B(Baht)' 과 '싸땅 Satang'이다. 1B은 100싸땅, 지폐로는 10B, 20B, 50B, 100B, 500B, 1,000B짜리가 있고, 동전으로는 25싸땅, 50싸땅, 1B, 5B, 10B짜리가 있다. 10B 지폐와 25싸땅, 50싸땅 동전은 사용이 미비한 편이다. 환율은 $1에 30~33B, 1B에 36~39원 정도다(2019년 6월 기준). 전압은 220V, 플러그는 한국에서 110V에 사용하는 11자형을 주로 사용한다. 한국에서의 거리와 소요 시간은 직항으로 약 5시간 40분 걸린다. 시차는 한국보다 2시간 느리다. 즉 한국이 오후 3시일 때 태국은 오후 1시다. 태국은 지역별 시차가 없다.

여권&비자 – 여행 기간이 90일 이내라면 따로 비자를 받을 필요가 없다. 태국 입국 시 여권 유효 기간이 6개월 이상 남아 있어야 한다. 태국 입국 전 기내에서 나눠 주는 출입국 신고서 Immigration Card를 미리 작성해두면 좋다. 태국의 국제공항이용 관문인 방콕의 수바나후미(Suvarnabhumi) 국제공항은 깨끗하고 잘 정돈되어 있어 태국을 처음 방문하는 이들에게 좋은 인상을 준다. 풍부한 볼거리와 대부분의 나라에서 오는 관광객들이 무비자로 입국할 수 있는 장점이 있어서인지 공항은 만원이다. 교육은 의무교육이 6년이고 문맹률이 3%다.

2. 태국의 문화적 특성

• 인도 · 버마 · 크메르 문화가 융합된 불교국가

태국 문화의 기조는 인도 · 미얀마 · 크메르 문화가 융합된 것이며, 태국 국민들의 생활 속에서 자리 잡은 불교문화는 스리랑카에서 도입되었다. 태국 종족은 11세기경 중국 서남단에서 현재의 태국 땅으로 이주해왔다는 것이 정설이나, 말레이 반도에서 북상을 했다는 설과 선사시대 이후 주변종족들이 계속 이주해 들어와 구성되었다는 설들도 전래되고 있다. 태국은 불력(서기+543년)을 사용하고 있으며, 전체 인구의 95% 가량을 차지하고 있는 불교가 사회 및 생활문화의 저변을 형성하고 있다. 태국의 각종 건축, 사원, 미술, 무용 등은 불교의 큰 영향을 받아 형성되어 왔으며, 불교의 자비심과 관용의 가르침은 태국 국민들의 일상생활에 반영되어 있다. 또한 권위에 대한 절대적인 복종도 불교신앙에서 유래된 것으로 알려져 있다.

수코타이 불상의 긴 손가락이 인상적이다.

• 독창적인 자국 문화의 형성

오늘날 우리가 말하는 태국문화가 그 모습을 갖춘 것은 13세기

후반으로 볼 수 있다. 태국의 첫 통일왕국인 수코타이 왕국은 람캄행 대왕(1279-1299)에 이르러 정치적 번영을 누렸으며, 수도는 방콕으로 가장 긴 이름을 가진 도시로 70자나 된다.

후에 아유타야로 권력 중심지가 새롭게 이동하여 전성기를 맞게 되었다. 이렇게 새로운 권력을 형성하는 과정에서 이들이 가지고 있던 문화적 독창성이 그 모습을 나타내는데, 당시 형성된 주요 태국문화로는 국교로서의 불교, 타이문자, 전통복장, 법제도, 타이예술 등이 있다.

람캄행 대왕은 불교사상을 기초로 국가 통치의 기반을 마련하고 자연스럽게 사회질서를 확립해 나가면서 태국의 사회규범과 풍습들을 형성해 나갔다.

1238년에 람캄행 대왕에 의해 만들어진 태국문자는 상류층과 승려계층의 문학, 법률, 역사 등을 기록하는데 사용되면서 독자적인 태국문화 창달에 크게 기여하고, 더불어 주변국으로 태국문화를 전파하는데 이바지했다.

• **민족 및 국가에 대한 애착**

태국은 현재 입헌군주국으로 국왕은 직접 정치에 나서지는 않고 있다. 태국은 주변국의 침략 속에서도 아시아에서 유일하게 독립을 지켜낸 나라라는 자부심이 매우 강하며, 국가와 자국민에 대한 강한 사랑과 애착이 큰 문화적 특징이다.

• 인사

두 손을 이마에 올려 사례하는 태국식 인사를 와이라고 하며 이는 불교의식이 일상 생활화된 것이다. 하지만 상류층은 외국인과 접촉 시 서양식 악수를 하는데 익숙해져 있다.

3. 열대 과일의 천국

태국은 열대과일의 천국이다. 우리에게는 맛있고 귀한 열대과일이 지천에 널려 있을 뿐만 아니라 가격 또한 저렴하다.

• 망고(마무앙) Mango

태국 망고는 달고 과즙이 많은 편이다. 4월부터 7월이 망고철로 당도가 최고조에 이른다. 망고빤(망고 주스), 카우니여우 마무앙(망고를 찰밥과 함께 먹는 망고밥)으로 활용된다.

• 코코넛 Coconut

껍질 안쪽에 담긴 단물은 음료처럼 마시고, 새하얀 과육은 숟가락으로 긁어 먹으면 된다. 코코넛을 말려 잘게 썰어 음식에 뿌리기도 한다. 과일이라기보다 음료라고 부르는 것이 더 적당할지도 모르겠다. 커다란 칼로 머리 부분에 구멍을 낸 후 빨대를 꽂아준다. 시원하게 해서 마셔야 제 맛이다. 시원한 맛 이외에 당도나 특별한 맛은 없다. 하지만 무더운 태국의 날씨에 뱃병에 효능이 있다고 하니 하나쯤은 마셔보는 것도 좋다.

열대과일의 천국

• **망고스틴** Mangosteen

열대 과일의 여왕으로 불리는 과일. 우리 입맛에도 잘 맞다. 자주색의 단단한 겉껍질 안쪽에 마늘처럼 생긴 열매가 들어 있다. 너무 딱딱한 것보다 약간 말랑하고 색이 밝은 것을 고르는 게 좋다.

• **두리안(투리안)** Durian

'과일의 왕'이라는 찬사를 받고 있지만 호불호가 분명한 과일 중 하나다. 원인은 바로 냄새. 경험을 하기 전에는 설명하기 힘든 이 냄새는 호텔이나 대중교통수단 등에서는 반입을 금지할 정도다.

• **람부탄** Rambutan

성게 모양으로 생긴 과일로 붉은색 껍질을 벗기면 하얀색 알맹이가 나온다. 물기가 많고 단맛이 나는 과일로 망고나 망고스틴보

다 저렴하다.

• **파파야** Papaya

기다란 호박처럼 생긴 과일, 껍질을 벗기면 속살은 분홍색을 띤다. 덜 익었을 때는 샐러드를 만들어 먹기도 한다. 장에 좋아 식사 후 먹으면 좋다.

• **수박(땡모)** Watermelon

태국인들도 한국인만큼이나 수박 애호가다. 슈퍼마켓 등에서 수박을 등분해 판매하는데 가격도 저렴하고 맛있다. 태국어로 땡모빤이라고 부르는 수박 주스는 여행자들이 즐겨 마시는 음료로 이 단어는 외워 두는 것이 좋다.

• **파인애플(싸파롯)** Pineapple

일 년 내내 쉽게 볼 수 있는 과일 중 하나로 당도가 높다.

• **바나나(끌루아이)** Banana

한국에서 먹는 커다란 바나나는 원숭이 사료용이라고 한다. 대신 태국에서는 우리가 멍키 바나나라고 부르는 조그만 바나나를 먹는데 달고 맛이 좋다.

• **잭 프루트(카눈) Jack Fruit**

생긴 건 두리안과 비슷하지만 크기가 더 크고 두리안 같은 가시가 아니라 비슷한 색깔의 오돌도톨한 껍질로 둘러싸여 있다. 그 껍질을 까면 두리안과 비슷한 색깔의 내용물이 나오는데 결방향으로 잡아당겨 먹으면 쫄깃쫄깃하다. 맛 또한 두리안과 비슷한 점도 있지만 냄새는 훨씬 덜하다.

• **포멜로(쏨오) Pomelo**

오렌지류의 과일로 껍질이 녹색이다. 보통의 오렌지보다 알갱이가 크다. 샐러드를 만드는 데 재료로 쓰기도 한다.

• **용안(람야이) Longan**

색깔만 아니라면 포도라고 생각할 수도 있다. 동글동글한 열매가 포도송이처럼 가지에 붙어 있다. 껍질 안 과육도 포도와 비슷하게 반투명하다. 씨가 있으니 조심하자.

• **사포딜라(라뭇) Sapodilla**

모양과 색깔이 감자와 비슷하다. 털이 나 있는 것이 다르지만 맛은 감에 가깝고 조금 시다.

• **구아바(파랑) Guava**

사과와 겉모양이 비슷하나 사과보다는 울퉁불퉁하다. 파인애플과 마찬가지로 양념 소스에 찍어 먹는다. 아삭하고 식감이 좋다.

- **로즈애플(촘푸) Rose Apple**

생긴 모습 때문에 피망으로 오해를 받는 과일이다. 주로 연두색인데 잘 익으면 분홍색을 띤다. 사과 맛과 비슷하기도 하지만 수분이 많아서 수박과 비슷한 느낌도 있다. 주로 차게 해서 수분을 즐기는 과일이다.

- **태국포도(Thailand Grape)**

태국포도는 주로 우기에 출하되며, 기후가 서늘하고 건조한데다 땅의 물 빠짐이 뛰어난 카오야이산 포도가 유명하다. 신선하고 당도가 높은 검정포도로 포도주를 만들기도 하며, 포도밭에 연 10만의 관광객을 불러들이는 재미있는 체험 관광명소로도 큰 역할을 한다. 주요성분에 포도당, 과당이 있어 피로회복에 좋고 비타민 A, B, B2, C, D등이 풍부하다. 빈혈, 항암효과 이뇨, 충치예방, 위장장애, 알츠하이머나 파킨슨병 등의 퇴행성 질병을 예방하는데 도움을 준다.

- **무화과(Fig, 無花果)**

꽃이 없는 과일이란 뜻이지만 사실은 내부 과육이 전부 꽃이다.

즉 열매 자체 안쪽이 모두 꽃이다. 무화과에는 탄수화물과 단백질, 비타민과 무기질이 아주 풍부하게 들어있다. 특히 펙틴이라는 성분이 들어 있어 변비와 장 운동 활성화에도 아주 좋다. 무화과의 껍질에는 폴리페놀이라는 항산화 성분이 함유되어 있어 껍질까지 먹는 것이 좋다. 알칼리성 식품으로서 고대 이집트와 로마, 이스라엘에서는 강장제나 암, 간장병 등을 치료하는 약으로 썼고, 민간에서는 소화불량 · 변비 · 설사 · 각혈 · 신경통 · 피부질환 · 빈혈 · 부인병 등에 약으로 쓰였다.

4. 태국의 음료수

수돗물은 절대 식수로 사용할 수 없다. 석회질이 많아서 현지인들도 정수된 물을 마신다. 슈퍼마켓에 가면 여러 종류의 생수를 구입할 수 있다. 작은 병은 7~10B이고, 큰 병은 15~20B 정도다. 여행 도중 흔하게 접하는 음료로 '폰라마이 빤'이 있다. 폰라마이 빤은 일종의 과일 셰이크로 넣는 재료에 따라 수박은 '땡모빤', 바나나는 '꾸어이 빤', 파인애플은 '쌉빠롯 빤' 등으로 불린다. 망고, 아보카도, 라임 등을 넣기도 한다. 즉석에서 짜주는 100% 오렌지 주스인 남쏨도 인기 있다. 커피와 차도 태국인들이 즐겨 마시는 음료다.

5. 팁 문화

1) 팁 – 팁은 택시나 호텔, 식당 등에서 서비스를 받고 그에 대한 답례로 주는 일종의 마음의 표시다. 우리나라는 일반 요금에 서비스료가 포함되어 있어 팁을 별도로 주지 않아도 되지만 동남아시아 국가 중 관광국들은 팁이 생활화되어 있어 이러한 예의를 모른다면 망신을 당할 수도 있다.

많은 우리나라 여행객들은 어떤 장소에서 얼마만큼의 팁을 주어야 하는지에 대해 제대로 알지 못해 불안해한다. 어떤 사람들은 신경 쓰기 싫다며 아예 모든 접객업소 종업원들에게 일률적으로 얼마 씩의 팁을 무조건 내밀기도 하고, 지나치게 많은 팁을 주는 사례도 있다. 요금에 서비스료가 포함되어 있거나 서비스가 별로라면 팁을 줄 필요는 없다. 그러나 종업원의 서비스가 감동을 줄 만큼 특별했다면 숙박요금에 서비스료가 포함되어 있더라도 별도의 팁을 주어도 무방하다.

2) 호텔 – 벨보이가 짐을 방까지 운반해 주었거나 호텔 종업원에게 특별한 부탁을 했을 경우, 룸 서비스를 원했을 때 반드시 팁을 주어야 한다.

룸 메이드 room maid에게는 팁을 안 주어도 무방하나 침구를 더럽혔거나 청소 할 일을 많이 만들었다면 반드시 팁을 주어야 한다. 일반적으로 동남아에서는 1US$ 정도를 침대 머리맡에 놓아두는 것이 기본이다.

3) 식당 – 식당에서 팁을 줄 경우는 보통 식사 요금의 5-10%를 놓고, 서비스가 마음에 들지 않았다면 잔돈으로 갖고 온 동전을 놔두고 나오면 된다.

4) 택시 – 서비스 요금이 포함되었다면 팁을 줄 필요가 없다. 그러나 무거운 짐을 실었거나 운전사가 짐을 직접 실어주고 내려 주었을 때는 반드시 팁을 주어야 한다. 팁은 택시 미터 요금의 5-10%가 적당하다.

6. 교통

동남아시아를 여행하는데 가장 많이 이용하는 교통수단은 항공기다. 섬나라가 많은데다 열대우림 등으로 뒤덮인 지역이 대부분이어서 육상교통이 발달하지 못했기 때문이다. 섬나라 현지 서민들은 값싼 배를 많이 이용하는 편이나 배는 시간이 오래 걸려 여행자들이 이용할 만한 교통수단은 아니다.

태국의 교통 Tuk-Tuk

• 뚝뚝 Tuk-Tuk

태국 교통수단의 명물이자 애물단지. 방콕을 포함한 주요 도시에서 시내 교통으로 택시를 대신해 애용된다. 뚝뚝은 지

붕에 TAXI라고 표기되어 있다. 하지만 미터로 가지 않고 탑승 전에 요금을 흥정해야 한다. 가까운 거리는 40~50B 정도에 흥정이 가능하다. 보통은 외국인에게 요금을 더 받는 편이다. 바퀴가 세 개 달린 쌈러 Samlor와 비슷한데, 쌈러는 모터 엔진이 없는 자전거 형태의 교통수단이고 뚝뚝은 모터 엔진이 달린 자동차 형태의 교통수단으로 구분된다.

• 오토바이 택시 Motorcycle Taxi

단거리 이동에 주로 이용된다. 오토바이로 택시 영업을 하는 것으로 모터사이클의 태국 발음인 '모떠싸이'로 불린다. 전국적으로 널리 이용되는 교통수단으로 가까운 거리는 10~20B 정도다. 방콕의 경우, 출퇴근 시간에 시내 중심가를 가장 빠르게 통과할 수 있는 교통수단이기도 하다. 타기 전에 번호가 매겨진 조끼를 입고 있는 '납짱(운전사)'과 요금을 흥정하면 된다.

태국의 교통 오토바이

• 자동차 · 오토바이 · 자전거 대여

대중교통을 이용하는 불편을 덜고 싶다면 자동차, 오토바이, 자전거 등을 빌리자. 오토바이는 저렴하고 편리해 인기가 있지만 안전에 항상 유의해야 한다.

태국의 교통 세발자전거

1) 자동차 – 여행사나 렌터카 업체에서 대여할 수 있다. 여권을 맡겨야 하며 국제운전면허증이 있어야 운전이 가능하다. 주의할 점은 한국과 운전 좌석이나 주행 방향이 다르다는 것. 자칫 착각하면 큰 사고가 날 수도 있다. 1일 대여료는 소형차 2,000B, 중형차 3,000B 정도다.

2) 오토바이 – 남부 섬이나 소도시에서 유용한 교통수단으로 개별 여행자에게 인기가 높다. 오토바이의 종류나 도시에 따라 약간의 요금 차이가 있다. 80~100CC 오토바이는 200B 전후, 자동변속 오토바이는 300~400B 정도다. 헬멧 착용이 의무화되어 있다.

3) 자전거 – 소도시를 천천히 둘러보기 좋은 교통수단으로 아유타야, 수코타이 등에서는 오토바이보다 더 인기가 좋다. 여행사나 게스트 하우스, 자전거 대여점 등에서 빌릴 수 있고 여권이나 보증금을 맡겨야 한다. 지역에 따라 요금이 다르지만 보통은 하루 30~80B 정도다.

• 기차

기차편의 시간표와 요금은 http://www.srt.motic.go.th에서 영어

와 태국어로 확인할 수 있으며 인터넷으로 바로 특정한 좌석과 침대칸을 예약할 수 있다. 그래도 사람들은 티켓을 즉석에서 발행해주는 공인된 여행사를 더 선호한다. 태국의 기차는 여유로운 속도로 움직이면서 정기적으로 음식과 음료를 서비스해주기 때문에 태국을 여행하는 외국인들은 기차 여행을 선호한다. 에어컨이 설치된 2등실은 다른 사람과 마주 보게 되는 넓고 안락한 좌석이 있으며 장거리 여행 시 이 좌석들이 침대로 바뀐다. 요금은 매우 싼 편으로 방콕에서 농카이Nongkhai 까지 11시간이 걸리는 구간을 2등실 침대칸을 이용해 여행한다고 해도 500바트 정도의 요금에 불과하다.

• 배

이 동양의 베니스에서 강과 운하의 교통을 간과하는 외국인들이 많다. 방콕의 '클롱 Khlong' , 즉 수로는 최근 빠른 속도로 없어지고 있긴 하지만 아직까지는 도시의 많은 부분을 이어주고 있다. 조금만 계획을 세우면 배를 타고 다님으로써 시내에서 벌어지는 최악의 교통 정체를 피할 수 있다.

• 버스

태국의 주요 도시는 에어컨 설비가 된 버스로 빠르게 연결되고 있다. 방콕에서 동부로 가는 버스는 수쿰빗 소이 400에 있는 동부버스터미널에서 떠나고, 북부로 가는 버스는 깜팽펫 Kampaenghet

2 로드, 모 칫Mo Chit 2에 있는 북부 버스터미널에서 출발한다.

북동부 쪽으로 가는 버스는 북부 버스터미널과 같은 위치에 있는 북동부 버스터미널에서, 남부로 가는 버스는 프라 핀끌라오-나꼰 차이시 Phra Pinklao-Nakorn Chaisi 교차로에 있는 남부 버스터미널에서 출발한다. 티켓은 버스터미널이나 여행사, 호텔 등에서 구할 수 있다.

먼 지역으로 가는 버스는 밤을 새며 달리게 되는데 식사를 위해 적어도 한번은 정차하며, 어떤 버스는 안내원이 음료수를 제공하기도 한다. 에어컨 시설을 갖춘 버스는 모두 화장실이 있고 비디오를 상영하는 버스도 많다.

좌석은 뒤로 젖혀져서 아늑하고 편안하다. 방콕에서 치앙마이까지 가는 데는 정차하는 시간까지 포함해서 8~9시간이 걸리며 북동부에서 남쪽의 핫 야이 Had Yai 까지 가는데도 비슷한 시간이 걸린다.

제2장

태국의 관광 및 역사

1. 주변국 관광

태국은 미얀마, 말레이시아, 캄보디아, 라오스 등과 국경을 접하고 있다. 미얀마를 제외한 다른 나라는 육로로 입국이 가능하다.

캄보디아 Cambodia – 태국과 캄보디아는 육로 국경 세 곳을 통해 드나들 수 있다. 가장 많이 이용하는 곳은 아란야쁘리텟 Aranyaprathet~ 뽀이뺏 Poipet 국경이며 앙코르 유적으로 갈 때 주로 이용한다. 또 하나의 출입국 포인트는 핫렉 Hat Lek과 캄보디아

크루즈 관광

의 꼬 꽁 Koh Kong 국경, 해변 도시인 씨하눅빌 Sihanoukville을 거쳐 프놈펜까지 도로가 이어진다. 세 곳 모두 국경에서 캄보디아 비자가 발급된다. 항공을 이용할 경우 방콧과 씨엠리업 · 프놈펜을 잇는 국제선을 이용한다. 공항에서 캄보디아 비자가 발급된다.

라오스 Laos – 태국과 라오스 국경은 메콩 강을 따라 여러 곳에 형성되어 있다. 가장 많이 이용되는 곳은 농카이 Nong Khai~ 위앙짠 Vientiane(비엔티안), 치앙콩 Chiang Khong~ 훼이싸이 Huay Xai 국경이다. 두 곳 모두 국경에서 라오스 비자가 발급된다. 그 밖에 총멕 Chong Mek(우본 랏차타니) ~빡쎄 Pakse, 이싼 지방과 라오스 중부를 연결하는 묵다한 Mukdahan~ 싸완나켓 Savannakhet, 나

컨 파놈 Nakhon Phanon~ 타캑 Tha Khaek 국경 등이 이용된다. 항공을 이용할 경우 방콕과 치앙마이에서 위앙짠과 루앙프라방으로 국제선이 취항한다. 공항에서 라오스 비자가 발급된다.

말레이시아 Malaysia – 태국의 남쪽 국경과 접한 말레이시아는 비자가 필요 없어 출입국이 용이하다. 핫야이 남부의 싸다오 Sadao 국경이 가장 많이 이용된다. 태국 기차를 탈 경우 빠당 베싸 Padang Besar 국경을 통과해 버터워스 Butterworth까지 갈 수 있다. 남동부 해안의 쑹아이꼴록 Sungaikolok과 말레이시아의 란타우판장 Rantau Panjang 국경은 동부의 주요 도시인 코타바루 Kota Baru와 가깝다. 항공을 이용할 경우 방콕과 푸껫에서 쿠알라룸푸르 Kuala Lumpur와 페낭 Penang으로 국제선이 취항한다.

미얀마 Myanmar – 역사적인 관계, 마약, 카렌족 독립 투쟁 등의 이유로 육로 국경이 폐쇄되어 있다. 단, 매싸이 Mae Sai~ 따찌렉 Tachilek, 딱 Tak~ 먀와디 Myawadi 등의 국경 도시 간 왕래는 허용된다. 푸껫에서 가까운 라농 Ranong에서 배를 타고 빅토리아 포인트 Victoria Point까지 갔다 올 수도 있다. 단, 미얀마에 입국할 때는 여권을 맡겨야 하고, 정치적인 상황에 따라 국경이 봉쇄되는 경우도 종종 발생한다.

2. 간단한 태국어

여행자로서 태국어를 완벽하게 구사하기란 불가능한 일. 꼭 필요한 순간에 의사소통이 될 수 있는 정도면 훌륭하다. 태국어를 구

기본 숫자			
0	쑨	11	씹 엣
1	능	12	씹 썽
2	썽	20	이씹
3	쌈	21	이씹 엣
4	씨	30	쌈씹
5	하	100	러이
6	혹	200	썽 러이
7	쩻	1,000	판
8	뺏	10,000	믄
9	까오	100,000	쌘
10	씹	1,000,000	란

사람과 사물을 지칭할 때	
나	폼(남), 디찬(여)
당신	쿤(남), 터(여)
우리	라오
이것	니
저것	논
그것	난
친구	프언
여자친구	팬
한국	까올리
일본	이뿐
서양인	파랑

감정 표현	
좋다	디
안 좋다	마이 디
좋아?	디 마이?
좋아한다	촙
좋아하지 않는다	마이 촙
좋아해요?	촙 마이?
재미있다	싸눅
재미없다	마이 싸눅
재미있어요?	싸 눅 마이?
이해가 되나요?	카오 짜이 마이 캅(카)?
이해된다	카오 짜이
잘 모르겠다	마이 카오 짜이

그밖에 알아두면 좋은 단어들			
돈	응언	잔	께우
우체국	쁘라이싸니	앉다	낭
은행	타나칸	걷다	던 빠이
박물관	피피타판	혼자	콘 디아우
전화	토라쌉	열다	뻗
식당	란 아한	닫다	삣
가게	란	덥다	론
시장	딸랏	차다	옌
병원	롱파야반	춥다	나우
컵	깨우	어렵다	약
병	꾸엇	귀엽다	나락
접시	짠	예쁘다	쑤어이

사할 땐 존칭어에 주의한다. 남자라면 문장의 끝에 '캅'을 붙여 말하고 여자라면 '카'를 붙이면 된다. 좀 더 친근하게 말하고 싶다면 존칭어 앞에 '나'를 붙인다. 예를 들면 'OO캅(카)'라고 말하는 것보다 'OO나 캅(카)'라고 말하는 게 더 정감이 느껴진다.

3. 태국의 역사요약

태국은 1238년에 세워진 수코타이(Sukhothai)왕국에서 시작하여 13세기 중반에 세워진 아유타야(Ayutthaya)왕국으로 연결되지만 1767년 버마에 의해 멸망했다. 그 후 탁신(Taksin)왕에 의해 세워진 돈부리(Thonburi)왕국은 라타나코신(Rattanakosin)으로 이어지고 1782년도에 라마 1세에 의해 세워진 차크리(Chakri Dynasty) 시대가 열려 오늘에 이른다. 인도차이나 반도에 있는 나라들 중 유럽 강국의 속국이 되지 않았던 유일한 나라이기도 하다. 따라서 역사적인 자부심이 강하다. 자유의 땅이란 뜻으로 '타이(Thai)랜드(Land)'라고 이름 지어졌으며 고인이 되신 라마 9세(푸미퐁 King Bhumibol Adulyade)가 통치를 했었다. 태국 어디를 가나 국왕의 사진이 걸려 있고 국민들은 왕의 만수무강을 기원하는 팔찌를 끼고 다닌다. 태국 국민들은 한결같이 '나의 왕(My King)'이라며 진심에서 우러나는 왕에 대한 존경심을 보여주고 있다. 라마 7세 때인 1932년 6월 24일에 쿠데타가 성공하면서 태국은 새로운

방콕 전경

변화의 시기를 맞이하게 된다. 혁명을 주도한 사람은 중급 관리였던 쁘리디 파놈용 Pridi Phanomyong과 루앙 피분쏭크람 Luang Phibunsongkhram 장군으로, 이들에 의해 차크리 왕조가 붕괴됐다. 1991년까지 총 19번의 쿠데타 시도가 거듭되며 혼란을 거듭하다가 민주당이 선거를 통해 권력을 잡은 1992년이 되자 안정기에 접어들었다.

2001년, 재력가인 탁신 시나왓 Thaksin Shinawatra이 수상으로 선출되면서 그가 이끄는 타이락 타이 당 Thai Rak Thai이 현재의 태국 정치를 이끌어가고 있다. 우리나라와의 국교는 1958년 10월 1일 수립하고 남북한 주재공관이 있다. 6.25때 10,315명이 참전했다.

4. 태국의 한류 확산

태국의 한류는 드라마로 시작됐다. 2003년 방영된 드라마 '가을동화'가 3번씩이나 재방영되었을 정도로 호응을 얻었다. 드라마로 촉발된 한국에 대한 관심은 K-Pop으로 불리는 한국대중음악으로 이어져, K-Pop은 태국음악 산업의 중요한 축으로 떠올랐다. K-Pop은 한국 대중가수들의 활발한 진출로 태국에서 붐을 이루고 있다. K-Pop 스타들은 젊은 층을 대상으로 하는 태국상품의 광고 모델로 속속 등장하고 있으며, K-Pop의 가사를 이해하려는 욕구에 부응해 한국어를 배우려는 열풍도 이어지고 있다.

태국에서의 한류는 일본, 중국 등에 비해 역사는 짧지만 무한한 성장동력을 가지고 있다는 점에서 의미가 크다. 태국 사회, 문화, 경제 등 다방면에 걸쳐 영향을 미치고 있으며, 특히 미래 주요 소비층으로 떠오른 젊은 층에게 크게 어필하고 있다. 2005년 태국에서 방영된 드라마 '대장금'의 인기로 태국인들의 한국음식에 대한 선호도가 급격하게 증가하였다.

2006년 한국 의상을 이용하고, 한국 맛을 강조하는 태국의 패스트푸드 음식 광고가 등장하기도 하였다. K-Pop 등 한류의 인기와 맞물려 태국 젊은 층에선 한국어에 대한 관심이 어느 때보다 높아지고 있다.

방콕 내 사설학원과 한국 유학생도 증가 추세이다. 태국 대학에서 한국어가 선택과목으로 지정된 것은 1986년 송클라 대학이 처음이었다. 이후 명문 국립대학인 출라롱컨 대학에서 1989년 한국어를 커리큘럼으로 채택했으며, 2004년에는 한국어 센터를 설립하였다. 2013년 현재 전공과목으로 채택하고 있는 39개 대학을 포함 총 88개 대학에서 한국어를 가르치고 있으며, 총 1,300명이 전공 또는 부전공 과목으로 공부하고 있고, 태국 전역에선 총 2만 5천여 명의 태국 고등학생들이 제 2외국어로 한국어를 배우고 있는 것으로 추산되고 있다. 태국 한류와 가장 밀접한 관계를 보이는 곳은 관광분야이다.

2003년 총 7만 8천여 명이던 방한 태국인이 2004년 처음으로 10만 명을 돌파한 뒤 2009년까지 6년 동안 평균 13.28%의 증가율을 보였다. 지금도 한국 드라마 속의 다양한 관광지를 둘러보는 여행 상품이 인기리에 판매중이다. 태국에서 처음으로 광고모델로 나선 가수 비의 음료광고를 시작으로 빅뱅과 슈퍼주니어는 젊은 여성들을 위한 향수와 파우더, 닉쿤은 음료, 카라는 파우더, 2PM은 스낵 등 대부분 10대 및 20대를 대상으로 하는 광고에 출연했다. 화장품은 한류 열풍과 연계한 마케팅을 통해 태국 내 비즈니스 성공을 거둔 대표적인 사례이다.

한류와 연계한 마케팅을 활용하는 화장품이 소비자들에게 호응을 얻게 되었으며, Etude House는 태국에서 연간 1억 바트(약 300만 달러), Skinfood는 연간 2억 바트(약 600만 달러)로 한국화장품 중 선두를 달리고 있다.

5. 태국인들의 한국문화(한류) 호감

한국문화를 쉽게 이해하고 친근감을 느끼고 있다.

불교문화권인 태국의 문화와 유교 문화권인 한국의 문화가 크게 다르지 않아 문화적 동질성 때문에 태국인들은 한국문화를 쉽게 이해하고 친근감을 느끼고 있는 것으로 보인다. 2005년 드라마 '대장금'의 방영 당시, 드라마에서 드러나는 한국인들의 왕에 대한 존경, 가족을 중시하는 문화 등이 태국인들의 화제가 된 바 있다. 또한 태국인들이 오랜 역사 동안 지녀온 외국과 외국인에 대한 개방적이고 낙천적인 자세도 한류 확산에 긍정적인 역할을 하고 있다. 특히 많은 태국인들이 한국전쟁 이후 국제사회에서 정치, 경제적으로 성공한 아시아 국가로 한국을 인식하고 있어 본받을 만한 국가의 문화인 한류를 보다 쉽게 받아들이고 있는 것으로 분석된다.

6. 공휴일

1월 1일	신정	**2월 15일**	마카 푸차
4월 6일	차크리 왕조 기념일	**4월 13~15일**	쏭끄란
5월 5일	국왕 즉위일	**5월 중순**	위싸카 푸차

7월 중순	아싼하 푸차	7월 중순	카오 판싸
8월 12일	왕비 탄생일	10월 23일	쭐라롱껀 대왕 기념일
11월 초	러이 끄라통	12월 10일	제헌절

7. 축제

1월	버쌍 우산축제, 돈 체디 기념행사
2월	치앙마이 꽃 축제
3월	나콘 랏차씨마(코랏), 타오 쑤라나리 축제, 파타야 음악 축제, 피마이 · 수코타이 빛과 소리의 향연(27일)
4월	쏭끄란, 부리람 파놈룽 축제
5월	야쏘톤 로켓 축제(첫째 주 토~일요일)
6월	러이 피따콘 축제
7월	우본 랏차타니 양초 축제
8월	쑤랏타니 람부탄 축제
10월	푸껫 채식주의자 축제
11월	러이 끄라통, 깐짜나부리 콰이 강의 다리 축제
12월	푸껫 국제 요트 대회, 아유타야 유네스코 세계문화유산 지정

제2편

태국의 관광명소

제1장

태국 중심부 (방콕)

1.방콕 및 주변

• **왕궁**(Grand Palace)

태국 방콕에서 처음 관광지는 금박, 자기, 유리 등으로 장식된 이국적인 왕궁이다. 라마 1세(Rama 1)가 1782년 약 60에이커 대지에 3년 동안 심혈을 기울여 지은 이 왕궁은 왕족들의 주거를 위한 건물을 위시해 왕족전용 사원, 그리고 업무를 볼 수 있는 건물들로 구성되어 있다. 라마 1세는 과거 화려했던 아유타야(Ayutthaya) 시대의 영화와 번영을 재건하기 위해 이곳 방콕으로 도읍지를 옮

왕궁과 에메랄드

기고 차오 프라하 강 옆에 궁을 짓기 시작하였다. 바로 이 왕궁에서 왕은 대관식을 갖고 지금 태국의 시작을 선포했다. 입구 정면으로 보이는 차크리 마하 프라삿(Chakri Maha Prasat) 건물이 아치모양의 문 뒤로 보이고 왼쪽에는 눈부시게 찬란하고 거대한 황금 탑(Golden Chedi)이 위용을 드러내고 당당히 서 있으며, 그 탑 옆으로 뾰족뾰족하고 날아갈 듯 한 지붕 모양의 태국 공 건축물들이 빼곡히 서 있는 게 보인다.

사원입구를 통과하자 마자 양쪽에 유리조각으로 모자이크를 해서 만든 수호신들이 서 있었고 태국 고유 건축 양식으로 지은 여러 개의 건축물들이 화려한 자태를 뽐내고 있다. 라마 4세가 지었다는 둥근 황금 탑(stupa) 등은 단연 돋보인다. 일 년에 단 한번, 4월 6일 문을 열어 일반인들에게 공개한다는 Royal Pantheon, 도서실, 앙코

방콕의 현대화된 건물

르 와트(Angkor Wat)의 모형도도 볼 수 있다. 그러나 뭐니 뭐니 해도 에메랄드 불상이 안치되어 있다는 사원은 아주 특별했다. 신발을 벗고 올라가서 법당으로 올라가면 정면에 3개의 문이 있는데 왼쪽은 법당으로 들어가는 문, 가운데 문은 에메랄드 불상을 직접 볼 수 있도록 만들어 놓은 문이고, 오른쪽 문은 법당 밖으로 나가는 문이다. 법당 안은 얼마나 경계가 삼엄한지 사진은 절대로 찍을 수 없고, 관광객이 자신도 모르게 불경스러운 행동을 하는지를 살피는 안내원들 때문에 행동하기가 자유스럽지 못하다.

가운데 문을 통해 법당 안을 보니 금색 법의를 두른 에메랄드 불상이 법당 한 가운데 높은 곳에 좌정하고 있었다. 높이가 66cm, 폭이 49cm 크기의 에메랄드 불상은 1434년 태국의 북부 치앙라이(Chiang Rai)에 있는 한 사원의 무너진 탑 속에서 발견되었다고 한

다. 발견 당시 하얀 석고 같은 것으로 쌓여 있어 보통의 평범한 불상이라 여겼는데 이 탑에 벼락이 떨어져 석고가 벗겨졌고 푸른색 광채가 보이자 그것을 발견한 스님이 들고 들어와 소문이 나면서 그 진가가 알려지게 되었다고 한다. 이 불상은 사실 한 조각의 옥으로 만들어졌는데 처음 발견한 주지스님이 이 녹색의 돌을 에메랄드라고 생각하고 그리 명명해 지금까지 에메랄드 불상이라 부른다고 한다.

이 사원 외에도 국왕의 대관식을 할 때 사용되는 파이사 탁신(Paisal Taksin), 외국 사신들이 태국 국왕을 알현할 때 접견 장소로 사용되는 아마린드라 위니차이(Amarindra Winitchai), 라마 1,2,3세가 차례로 기거를 하였기에 그 이후부터 대관식 날 국왕이 꼭 이곳에서 하루를 지낸다는 차크라팥 피만홀(Chakraphat Phiman hall) 등이 있다. 이 건물 역시 태국 고유의 형식으로 라마 1세가 자기가 죽으면 화장할 때까지 시신을 안치할 목적으로 지었는데 지금은

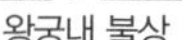

왕궁내 불상

왕궁 에메랄드 불상이 있다.

절을 하는 많은 신도를 볼수있다.

왕, 왕후 그리고 왕실 가족들의 사망 후 시신을 안치하며 국민들로 하여금 조문할 수 있도록 배려하였다.

유럽을 방문했던 라마 5세는 1882년에 유럽 건축 형식에 태국의 지붕을 가미한 건물 차크리 마하 프라삿(Chakri Maha Prasat)을 지었고 이곳에서 외국 사신 접견 및 접대를 했다. 이 왕은 유럽 문물과 전기를 태국으로 들여왔으며 노예를 해방시킨 성군으로 차크리 왕조에 기록되고 있다. 방콕 시내는 국왕과 왕후의 사진이 거리마다 걸려 있는데 이들에게 국왕은 정치계 · 종교계의 지도자요, 어버이요, 신이다. 그래서 신의 상징인 쟈스민 꽃으로 만든 '꽃걸이'를 차에 매달고 다니고 팔목에도 걸고 다닌다. 국왕은 백성을 사랑하고 자애로 돌보며 국민은 그런 국왕을 따르고 순종한다. 왕궁이 가지는 상징적 권위는 여전하다.

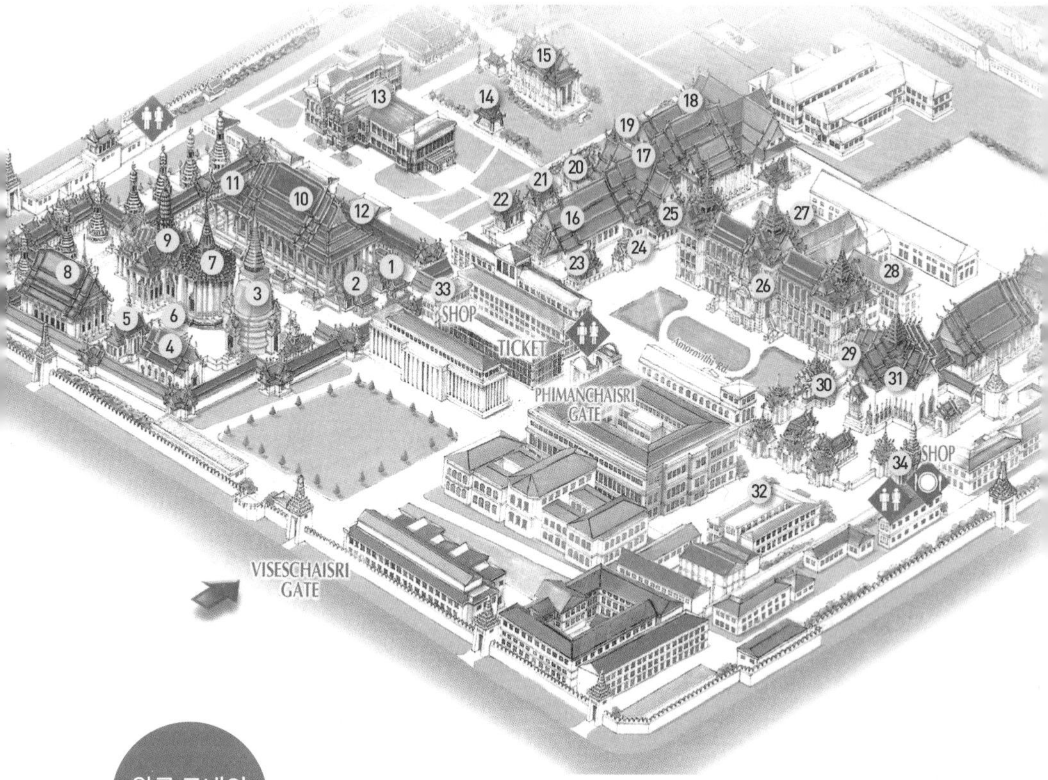

왕궁 구내의 여러 건물

1) 허 프라 랏차퐁사누선
2) 허 프라 라차거라마누선
3) 프라 씨 랏따나 제디
4) 허 프라 낙
5) 프라 위한 엿
6) 앙코르 왓트 모형
7) 프라 몬돕
8) 허 프라 몬티연 탐
9) 쁘리쌋 프라텝 비던
(현 왕조의 왕들의 입상각상)
10) 에메랄드 사원
11) 허 프라 간다라랏
12) 종각
13) 보롬 피만 맨션
14) 씨타라 피롬 홀
15) 타 랏따나 싸탄 홀
16) 아마린 위닛차이 홀
17) 파이산 탁씬 홀
18) 짝끄라팟 피만 홀
19) 마히선 쁘라쌋 홀
20) 허 프라 쑤라라이 피만
21) 랏르디 홀
22) 허 쌋뜨라콤 홀
23) 두쌋 피롬 홀
24) 싸남짠 파빌리언
25) 허 프라탓 몬티연
26) 차크리 마하 쁘라쌋 홀
27) 문싸탄 롬마싸나홀
28) 쏘뭇 테와랏 웁밧 홀
29) 랏차 까란야싸파 홀
30) 암펀 피묵 쁘라쌋 파빌리언
31) 두씻 마하 쁘라쌋 홀
32) 왓 프라깨오(에메랄드 사원)
박물관
33) 태국 훈장 및 동전 전시실
34) 앗타위짠 쌀라(정자)

왕궁은 타이의 상징적 건물이다. 총 면적 218,000평방미터, 사각의 울타리 둘레가 1,900미터에 달하여 장대한 규모를 자랑하는 왕궁은 방콕이 수도가 된 해인 1782년에 지어지기 시작했으며, 왕족의 주거를 위한 궁전, 왕과 대신들의 업무 집행을 위한 건물, 왕실 전용 에메랄드 사원, 옥좌가 안치된 여러 건물로 이루어져 있다. 짜오프라야 강 서쪽 새벽사원에 인접한 곳에 위치한 돈부리 왕조가 끊어지게 되자 차크리 왕조를 세운 라마 1세는 민심을 수습하고 왕권의 확립과 아유타야 시대의 영광과 번영을 재건하고자 강 건너 현 위치로 천도를 결심하게 되었다고 한다. 천도를 결심하자 왕은 즉시 명령을 내려 이곳에 왕궁을 건설하도록 하였으며, 1782년 왕궁 일부가 준공되자마자 바로 이곳에서 라마 1세의 성대한 대관식을 거행하였다.

왕족의 거주를 위한 궁전과 업무 수행에 필요한 건물을 가장 먼저 건축하였는데, 그 중 제일 먼저 준공된 두 건물은 왕좌가 안치되어 있는 "두씻 마하 쁘라삿"과 "프라 마하 몬티연"이다. 지금은 공식 행사만 거행될 뿐, 현 국왕인 라마 10세(마하 와치랄롱꼰) 일가는 치뜨랄다 궁전에서 살고 있다. 왕궁 안뜰 정면에 있는 것이 차크리 궁전이다. 유럽과 타이 양식을 멋지게 융합한 건물로서, 차크리 왕조 100주년을 기념하여 라마 5세가 건립하였다. 내부는 전시실로 되어 있으며, 유서 깊은 왕실의 갖가지 물건이나 의식전(儀式殿) 등을 구경할 수 있다. 두시트 궁전은 역대 왕의 대관식에 쓰이는 순

수한 타이 양식 궁전으로, 왕궁 내에서 가장 오래된 건물이다. 백아의 벽과 형형색색 지붕의 대조가 인상적이다. 이 밖에 즉위식이 거행되는 아마린 홀, 영빈관인 보로마피만 궁전 등 국왕의 권위를 나타내는 호화찬란한 건물이 늘어서 있다.

• **와트 프라케오 Wat Phrakaeo**

이곳은 왕궁의 부지 안에 있는 왕실의 보리사(菩提寺)이다. 비취로 만든 본존(本尊)이 에메랄드같이 아름답게 빛나 '에메랄드 사원'이라는 별명이 생겨났다. 본당은 오렌지색 · 짙은 남색 · 녹색의 기와지붕을 이었고, 금을 입힌 장식들이 눈부시다. 구두를 벗고 안으로 들어가면 금박으로 오밀조밀하게 장식한 대좌에 에메랄드 부처가 고귀한 모습으로 빛나고 있다. 그야말로 이 나라 수호신격인 불상이며, 타이인들이 열심히 합장하는 모습이 퍽 인상적이다. '앉았을 때 다리를 부처님을 향해 펴서는 안 됩니다'라고 주의서가 게시되어 있을 정도이므로, 참배 때에는 실례가 되지 않도록 조심해야 한다.

그리고 본당 북쪽에는 3개의 탑이 나란히 서 있다. 금빛타일로 덮인 불탑 체디, 순수한 타이인 양식의 철탑 몬돕, 앙코르 와트와 닮은 크메르 양식의 탑 쁘랑 등이다. 양식이 서로 다른 탑이 솟은 광경은 다양한 문화가 혼합되어 성립된 타이 문화의 상징이라고 할 수 있다. 와트 프라케오의 호화찬란한 건물이나 신앙심이 깊은 사람들의 모습은 아유타야라든가 수코타이 등 찾는 사람이 드문 황량한 유적과 매우 대조적이다. 그 무너질 듯 한 체디나 본당도 예전에는 왕조의 보호를 받아 이와 같이 번쩍번쩍 빛났을 것이다. 열대의 강렬한 햇살을 받는 화려한 색채의 건물은 극락정토의 이미지 뿐 아니라 인간 세상의 무상함을 반영하고 있는 듯하다.

• 치뜨 랄다 궁전 Chitralada Palace

고인이 되신 국왕 라마 9세(푸미퐁 왕부터 국왕) 일가가 기거하고 있는 궁전이다. 두시트 동물원의 동쪽 푸른 초목에 둘러싸인 광대한 부지에 서양식 건물이 서 있다. 공식 행사가 거행되지만, 일반에게는 공개되지 않는다. 국왕이 거주하는 장소인 만큼 총을 든 병사가 엄중히 경호하고 있어 긴장이 감도는 곳이다. 푸미퐁(라마 9세)생애는 1927년 12월 5일~ 2016년 10월 13일으로 88세에 돌아가셨다. 후임자는 마하 와치랄롱꼰(라마 10세)이다.

• 와트 포 Wat Pho

왓포

방콕에서 가장 크고 오래된 사원, 방콕이 수도로 정해지기 전인 16세기에 만들어졌다. 라마 1세 때에는 500명의 승려와 750명의 수도승이 거주했

고, 책이 없었던 라마 3세 때는 석판을 공책삼아 교육하던 일종의 개방대학이었다. 와트 포를 대표하는 볼거리로는 길이 46m, 높이 15m의 와불상을 꼽을 수 있다. 열반의 모습을 잘 형상화한 것으로 유명하다. 와불상을 모시고 있는 위한 Vihan은 라마 3세 때인 1832년에 지어졌다. 교육 중심지로 발전되고 있다.

• 와트 아룬 Wat Arun

새벽 사원이라는 이름으로 잘 알려진 왓 아룬은 짜오프라야 강 돈부리에 위치하고 있다. 특이한 모양의 탑은 짜오프라야 강의 전경과 함께 태국을 알리는 엽서나 포스터에 많이 등장한다. 아룬이란 인도 새벽의 신인 '아루나'의 이름에서 따왔다고 한다. 왓 아룬은 왕실 사원이었으며 에메랄드 부처상이 보관되어 있던 왓 장이라는 사원자리에 지어졌다. 라마 1세에 이어 2세와 3세가 계속해서 중앙의 쁘랑을 현재의 모습으로 만드는 작업을 했다. 현재 가운데 쁘랑은 82m가 넘는 높이를 자랑한다. 와트 아룬은 어느 정도 거리를 두고 멀리서 바라볼 때 가장 아름답다.

• 싸남 루앙 Sanam Luang

왕궁 바로 앞의 왕실 공원. 라마 4세 때에는 기우제 등이 치러지던 곳으로 현재도 농사철이 시작되는 4월에 풍년을 기원하는 행사가 펼쳐진다. 국왕이나 왕비의 생일, 새해가 되면 각종 국가적 행사로 붐비고, 그 외의 기간에는 시민공원으로 사랑받는다.

• 국립박물관 National Museum Bangkok

타마사트 대학 북쪽에 있으며, 타이의 역사 · 문화를 알고 싶은 사람은 꼭 찾아가야 할 박물관이다. 라마 1세때 부(富) 왕궁이었던 장중한 건물을 1877년 라마 3세가 박물관으로 개조한 것으로서, 동남아 최대 규모를 자랑한다. 선사시대부터 치앙센, 수코타이, 아유타야 그리고 현재 방콧 왕조에 이르기까지 토기, 도기, 불상, 악기, 장식품 등이 전시되어 있다. 그 중에서도 장대하고 화려한 왕실의 의식 용구는 꼭 보아둘 만하다. 중국, 크메르, 자바, 미얀마, 인도 등 다양한 주변 문화의 영향을 받아 발전해 온 타이 문화의 성립 과정을 엿볼 수 있다. 천천히 견학하면 하루가 꼬박 걸리지만, 2시간가량 둘러보기만 해도 타이 문화를 이해하는데 도움을 얻을 수 있을 것이다. 박물관에서 볼만한 곳으로는 태국 고고학 전시관, 예술과 인종학관, 태국 전시관이 있다. 1967년과 1982년에 건물을 추가 신축했다.

• 와트 마하탓 Wat Mahathat

아유타야 시대에 만들어져 라마 1세 때인 1887년 건축된 사원. 와트 쌀락 Wat Salak으로도 불린다. 현재는 불교대학으로 사용되며 외국인을 위한 명상코스도 운영한다. 와트 마하탓 옆의 골목에서는

불상이 그려진 '그르엉 핌' 펜던트를 구입할 수 있다. '크르엉 핌'의 종류와 오래된 정도에 따라 요금이 천차만별이다. 태국의 제 2불교 대학이라 할 수 있을 정도로 많은 승려들이 수행 하고 있다.

• **와트 수탓 Wat Suthat**

80인의 석가 제자를 그린 본당 벽화가 볼만하고 밤룬 무앙 거리 민주기념탑 남쪽에 있다. 40ha나 되는 대단지에 거대한 본당과 불당이 서 있다. 1807년 라마 1세에 의해 창건되어 라마 3세 때에 완성됐다. 본당 내부 벽은 석가의 80인 제자를 그린 벽화로 장식되어 있다. 5월 왕궁 행사때와 같이 중요한 국가 행사를 주관하는 브라만 주교들과 밀접한 관련이 있다. 와트 수탓의 본당 내부에는 14세기 수코타이 시대의 높이 8m인 석가모니좌불상이 모셔져 있다. 이 불상은 수코타이의 와트 마하탓에서 보관하던 것인데 예전부터 그 아름다움과 크기로 유명했다. 역사 가치나 아름다움으로 볼 때 에메랄드 사원과 함께 방콕에서 가장 높은 중요한 사원 중 하나이다. 내벽에 150여개의 불상이 안치되어 있다.

• **와트 벤차마 보피트 Wat Benchama Bophit**

1899년에 라마 5세가 건립한 새로운 사원으로, 이탈리아에서 수입한 대리석으로 만들었기 때문에 '대리석 사원'이라는 별명이 있다. 로마 양식을 채택하여 4개의 원기둥이 지붕을 떠받치고 있는 설계와 금박의 창틀에 끼운 스테인드글라스 등은 타이사원 중에서도 가장 독창적이며 매우 아름답다. 안뜰에 늘어선 아시아 각국의 불상도 눈여겨볼 만하다.

왓 벤차마 보피트

• **비만멕 궁전** Vimanmek Palace

세계 최대의 티크 목재 건축물인 서구식 왕실 별장이다. 라마 5세가 별장으로 지은 궁전으로 3층 건물에 방이 81개나 있다. 1868년에 코시장 Ko Si Chang에 의해 건축되었으며 1910년에 현 위치로 이전되었다. 건물 전체를 티크 Teak목재로 건축한 세계 최대의 티크 건축물이며 타일랜드에서는 최초로 전기시설을 설치한 건물이기도 하다. 티크는 1000년이 지나도 변함이 없는 건축용 목재로 나무 자체에 유분을 함유하고 있어서 비바람과 태양열에 강하다. 1900년대 초기에 라마 5세가 거주지로 사용하였다가 1935년에 폐쇄된 후 1982년에 박물관으로 다시 개관되었다. 건물 내부에는 예전 왕족들의 삶을 느낄 수 있는 왕실 관련 생활용품과 상아, 본차이나, 크리스탈, 티파니 등 외국에서 들여온 진귀한 보물들을 볼 수 있다.

비만멕 티크 궁전. 방콕 주변에 있는 세계에서 가장 큰집

• 와트 트라이미트 Wat Traimit

차이나타운 입구 동쪽 근처의 트라이미트 Traimit거리에 면해있다. 높이 3m, 무게 5.5t, 순도 60%의 황금 불상으로 알려져 있으며 '황금불 사원'이라고도 불린다. 시가(時價) 약 1400만불 가량이나 된다고 하는 이 불상은 실제로 번쩍 번쩍 빛나는 광채를 발하고 있다. 이 불상은 원래 이곳에 있었던 것은 아니다. 1953년 5월, 방콕 항구 공사 지구에 있었던 폐사(廢寺)에서 현재 장소로 옮겨온 것이다. 옮기는 도중 무게를 이기지 못하고 크레인이 엎어져 불상을 덮어씌운 석고에 금이 가 버렸다. 그 날 밤에는 우뢰를 동반한 폭풍이 휘몰아쳤는데, 이튿날 아침 금이 간 석고 부분에 황금 표면이 모습을 나타내어 대소동이 벌어졌다. 버마군의 약탈을 방지하기 위해 석고를 덧씌워 놓은 듯 한 이 불상은 수코타이 시대의 작품으로 추정되고 있다.

• 차이나타운 China Town

많은 금방, 한약방, 제기용품, 식당 등 이곳에는 없는 물건이 없을 정도이며 가격도 방콕의 다른 어느 곳보다도 저렴해 많은 관광객들이 쇼핑을 즐기는 곳이다. 이곳에는 나콘 카셈 Nakhon Kasem이라는 장물 시장까지 있을 정도다. 음력 9월이면 대대적인 페스티벌이 열

차이나 타운

려 가뜩이나 복잡한 곳이 더욱 북새통을 이룬다. 차이나타운은 1782년 현왕조가 시작될 때 중국인 거주지였던 라타나코신 지역에 새 수도를 건설하면서 중국인들을

차이나 타운내 상점

이곳으로 이주시켜 형성됐다. 의류 전문시장인 타랏 파후랏 Talat Pahurat, 식료품, 일용잡화 등 서민들이 많이 이용하는 삼펭 렌 Sampeng Lane 시장 등이 있다. 어느 골목으로 가느냐에 따라 물건 구경이 달라진다.

• 짐 톰슨 하우스 박물관 Jim Thompson House Museum

짐 톰슨이 생전에 직접 설계하고 살았던 집으로 짐 톰슨의 세련된 취향, 태국에 대한 그의 관심과 사랑을 대변해주는 하나의 작품이라고 할 수 있다. 짐 톰슨이 '정글'이라고 불렀던 아름다운 정원 속에 태국의 전통미를 살린 티크 가옥들이 지금은 박물관으로 사용되고 있다. 메인 하우스는 마스터베드룸, 게스트룸, 리빙룸, 키친룸, 다이닝룸, 스터디룸 여섯 개의 방으로 나뉜다. 박물관은 개인이 혼자 다닐 수 없도록 규정되어 있다. 영어, 프랑스어, 독일어, 일본어 중 선택해 가이드 서비스를 받을 수 있다. 영어 가이드 투어는 보통 매시 30분에 시작되며 모두 둘러보는데 40분 정도 소요된다.

짐 톰슨 집

타이 실크를 세계에 널리 알린 짐 톰슨의 미술 컬렉션이 그의 자택이었던 7동의 전통적인 타이스타일 건축 내부에 전시되어 있다. 엄청난 재력을 동원하여 타이의 국보급 고미술품과 골동품을 중심으로 미얀마, 인도네시아, 크메르 등에서 수집했다고 하는 그의 수집품들은 박물관에서는 느낄 수 없는 박력과 정열을 느끼게 해준다.

짐 톰슨은 1945년에 미국에서 OSS(CIA의 전신)의 정보장교로 타이에 들어왔다. 퇴역 후에도 타이에 남아 타이 실크에 매혹 되어 런던과 파리를 중심으로 타이 실크를 알리는데 총력을 기울여 많은 부를 쌓았다. 또한 재력을 바탕으로 많은 예술품들을 수집해 자택에 전시실을 마련하기도 했다.

타일랜드 전통양식인 그의 저택은 현재 박물관으로 공개되어 관광 명소가 되었다. 짐 톰슨은 1967년 휴가차 방문한 말레이시아 카메론 하이랜드에서 오후 산책을 나선 후 행방불명이 되었으나 아직 그의 실종에 대한 진실은 밝혀지지 않고 있다. 같은 해 미국에서 여동생이 살해되는 사건이 발생해 그를 반대하는 사람들에게 살해당했으리라는 추측만 불러 일으켰다. 관광은 안내자가 설명하며 안내한다.

• 나콘파톰 Nakhon Pathom

나콘파톰

방콕 서쪽 약 60km 지점의 이 마을은 7~11세기에 드바라바티 왕국의 수도였다. 타이에 최초로 불교가 전래된 곳이며, 이 지역 중앙에는 세계 최대의 불탑, 프라 파톰 체디가 있다. 높이는 무려 127m나 되며, 원래는 1600년 전에 인도군이 아소카 왕 시대의 스투파를 모방하여 조성한 것이다. 현재의 크기로 된 것은 라마 4세 때였다. 역에서 걸어가면 정면에 금빛 부처 입상(立像)이 있어 합장하는 사람이 끊이지 않는다. 거대한 프라 파톰 체디를 보려면 칸차나부리 Kanchanaburi로 향하는 1일 관광 열차를 타고 가보자. 역에서부터 길은 그대로 참배로가 되어 있고, 주변은 노점이 이어진다. 불탑 정면에는 금빛으로 빛나는 큰 부처 입상이 있어 사람들의 마음이 숙연해진다.

• 삼프란 코끼리 테마파크

코끼리 쇼와 악어 쇼를 합친 프로그램으로 인기 있는 테마파크다. 코끼리가 축구도 하고 몇 십 마리가 한꺼번에 나와 전쟁하는 모습도 연출한다. 전쟁장면에서는 커다란 대포 소리와 스펙터클한 규

삼프란 코끼리 테마파크

모에 관중 모두 깜짝 놀란다. 태국에서 가장 규모가 큰 코끼리 쇼로 꼽힌다. 오키드 농장도 있어 다채로운 관광이 가능하다. 입구에서 벵골 호랑이와 사진 촬영을 할 수 있다. 방콕에서 북쪽으로 약 1시간 거리에 있다.

• 무앙 보란

야외공원에 태국의 고대 건축물을 축소 전시하는 식의 테마파크다. 방콕 남동 약 30km지점의 사무트프라캄에 있으며, 타이의 역사 · 문화를 살펴보면서 산책할 수 있는 일종의 야외 박물관이다. 1㎢나 되는 넓은 부지는 타이의 국토 모양으로 되어 있고, 수코타이나 아유타야 등지의 왕궁 · 사원의 축소판이 여기저기 배치되어 있다. 짙푸른 나무들 사이로 새들이 날아다니고 연못이나 수로에는 풍부한 물이 있어 우아한 정취를 느낄 수 있다. 진짜 왕후 귀족의 정원과 같은 그 우아함을 맛보

무앙 보란

는 것만으로도 찾아온 보람을 느낀다. 또 인류학 박물관이나 수상 시장, 타이 무용이나 전통 공예의 실연 등도 볼 수 있어 하루 종일 천천히 구경하면서 타이의 정서에 흠뻑 젖을 수 있다.

• 악어 양식장 Crocodile Farm

방콕 남동 약 30km 지점의 사무트프라캄 Samut Prakam에 있는 세계 최대의 악어 양식장으로 크기는 13ha. 남국 분위기의 장내에는 몸길이 3~4m의 악어가 2,000마리 가까이 사육되고 있다. 매일 7~8회 개최되는 쇼에서는 사육 담당자가 맨손으로 악어와 격투하는데 이 장면이 놀랄 만큼 실감 있게 연출된다. 이 악어들은 조만간에 핸드백이나 벨트가 되어 버릴 처량한 신세임을 아는지 모르는지, 필사적으로 싸우는 모습이 애처로울 정도이다.

악어쇼를 관람하는 관광객들

• 담넉 싸두악 수상시장 Damneun Saduak Floating

태국식 원형 모자를 쓴 사람들이 조그만 나무배에 과일과 채소를 싣고 다니는 담넉 싸두악 수상시장은 이국의 풍취 때문에 태국의 엽서나 사진에 단골로 등장해왔다. 담넉 싸두악은 원래 라마 6

물에 떠있는 담넉 싸두악 수상시장

세 때 만들어진 운하의 이름으로 농업 지역의 물류 해결을 고심하던 라마 6세가 타친 강 Tachin River과 메콩 강 Mehkong River을 운하로 연결하는 계획을 세우고 실행에 옮긴 것이다. 그 이후 담넉 싸두악 지역은 물류의 중심지로 태어났고 자연스럽게 땅이 아닌 운하에서도 여전히 많은 지역 주민들이 이른 아침에 직접 재배한 채소와 과일을 배에 싣고 시장으로 나섰다.

과일과 채소 대신 관광객 대상으로 모자나 기념품 등 물품을 파는 것이 과거와 다를 뿐이다. 담넉 싸두악 수상시장은 대부분 오전 6시에 시작해 11시경이면 끝난다.

이렇게 아침 일찍 서두르는 이유는 한낮의 뜨거운 태양을 피하기 위해서이다. 많은 여행자들은 여행사의 단체 투어 프로그램을 이용한다. 보통 오전 6시경 호텔에서 픽업, 2시간 정도 이동해 수상시장을 돌아본 후 돌아오는 길에 로즈 가든이나 삼프란 코끼리 테마파크에 들른다.

다양한 인종과 국적의 여행자들이 모이는 카오산 로드

2. 카오산 로드 Khaosan Road

태국에 있지만 전혀 태국답지 않은 동네 카오산 로드(타논 카오산). 다양한 인종과 국적의 여행자들이 태국 여행의 시작점이자 방콕의 마지막이 되는 이곳에 모여 번잡함과 소란스러움, 흥분과 아쉬움을 쏟아낸다. 카오산 로드는 400m 가량 되는 2차선 도로에 불과하지만 그 나름의 독특한 문화와 공감대를 형성, 현재는 주변 지역을 모두 아우르는 이름으로 발전했다. 성장의 가장 큰 배경은 저렴한 숙소와 여행자들의 입에 맞는 음식, 전국으로 연결되는 교통편, 투어 신청 등 여행에 필요한 모든 것이 해결된다는 것. 이런 편리함 때문에 동남아 지역을 여행하는 사람들 사이에 '카오산 로드=여행자들의 베이스캠프'라는 부동의 등식이 성립되고 있다.

• 칸차나부리 Kanchanaburi

방콕에서 서쪽으로 130km지점 미얀마와의 국경 부근에 자리잡고 있는 산간 도시이다. 미국 영화 〈콰이 강의 다리〉의 배경이 되는 지역으로 영화로 인해 유명해져 관광지가 된 곳이다. 〈콰이 강의 다리〉는 제 2차 세계대전 때 일본군이 미얀마와 인도를 침공하기 위해 타일랜드와 미얀마간 415km 길이의 철도를 건설하면서 미얀마 국경 지대인 콰이 강에 연합군 포로들을 동원해 장비 없이 인력으로만 다리를 건설하면서 갖은 만행을 저질렀던 일본군을 고발한 영화다. 이 공사는 5년 계획이었으나 1년에 완성했다. 이런 무모한 철도 건설에 동원된 노동력은 연합군 포로 약 3만 명 외에 인도, 중국, 말레이시아, 싱가포르, 버마, 타이 등 여러 나라에서 차출된 강제 노동자가 약 10만 명에 달했다고 한다. 칸차나부리 주변에는 콰이 강 다리 이외에 동굴과 에라완Erawan 폭포 등 관광지가 많아 하루 코스의 여행지로 알맞다. 칸차나부리 역에서 몇 분 정도 걸어 나오면 거대한 연합군 공동묘지와 만나게 된다. 콰이 강 다리 건설 때 희생된 연합군 포로 16,000명이 잠들어 있는 묘지다.

칸차나부리의 쾨이강 다리

콰이 강의 다리는 역에서 미니버스로 10분쯤 걸리는 최북단 콰이 야이 Kwae Yai 강에 걸려 있다. 포로들이 건설한 250m 길이의 이 다리는 전쟁 때 연합군에 의해 폭파되었으나 전후에 복구되었다. 다리에는 폭탄과 일본군이 사용한 증기기관차가 전시되어 있다. 역에서 다시 미니버스를 타고 남쪽으로 15분쯤 내려오면 제스JEATH(Japan, England, Australia, Thailand, Holland의 머리글자를 의미) 전쟁박물관이 나타난다. 이 박물관에는 일본군 포로였던 연합군 장병들의 스케치, 글, 유품 등과 일본군이 만든 참혹한 고문 기구들이 전시되어 있고 당시 포로수용소를 재현한 건물들도 있다.

콰이 노이 Kwae Noi강 하류 쪽에는 카오푼 동굴 Tham Kaopoon과 왓 탐 망콘 통 동굴Wat Tham Mangkon Thong이 있다. 또 칸차나부리에서 북서쪽으로 70km(칸차나부리에서 버스로 2시간) 떨어진 에라완 Erawan국립공원에는 에라완 폭포가 유명하다. 높이 150m의 이 폭포는 7단으로 되어 있다.

이 밖에 주변에는 시 나카린 Si Nakarin 국립공원(차로 3시간 소요), 사이욕 Sai Yok 국립공원(2시간 소요), 찰레름 라타나코신 Chalerm Rattanakosin 국립공원(2시간 소요) 등 모두 4개의 국립공원이 산재해 있다. 방콕의 남부 버스 터미널에서 빈번하게 버스가 떠나며 2시간 30분 걸린다. 기차는 방콕 노이 역에서 하루 2번 왕복하며 소요 시간은 3시간. 토 · 일요일과 국경일에는 후아람퐁 역에서 칸차나부리 남톡 역까지 왕복하는 특별 열차가 하루 한 차례씩 다닌다.

• **콰이 강 철교 River Kwai Bridge**

다리 바로 앞에 역이 있다. 방콕 방면에서 열차로 왔을 경우에는 여기에서 하차한다. 영화로 유명해진 철교이지만 당시의 기관차와 폭탄이 놓여 있을 뿐 전쟁의 상황을 말해주는 잔해는 거의 없다.

원래는 목조 교량이었지만 1943년 2월에 최초로 기차가 지나가고 3개월 뒤 철교로 바뀌었다. 1944년과 1945년, 두 차례에 걸친 연합군의 폭격으로 파괴되었다가 전쟁이 끝나고 복구되어 오늘에 이르고 있다.

연합군의 폭격이 있었던 1944년 11월 28일을 기념하는 콰이 강 다리 페스티벌 River Kwai Bridge Festival이 열린다. 매년 11월 마지막 주에 열리는 칸차나부리의 주요 축제로, 콰이 강 다리 건설과 폭파에 관한 역사를 조명과 음향을 통해 재연한다. 축제기간에는 콰이 강 다리 주변에 무대가 설치되고 야시장이 들어서 떠들썩해진다.

• **제스 전쟁박물관 JEATH War Museum**

매클롱 강 Mae Klong River을 따라 남쪽으로 내려온 곳에 있는 박물관으로 규모는 크지 않지만 '죽음의 철로'에 관한 자료는 많다. 당시의 포로수용소를 재현한 대나무로 지은 건물에는 사진과 그림, 포로가 입었던 옷과 권총, 칼, 물통 등이 전시되어 있다. 일본군이 포로를 학대하는 광경을 그린 스케치도 전시되어 있다.

• **제 2차 세계대전 박물관 World War 2 Museum**

제스 전쟁박물관의 인기에 편승해 만들어진 박물관. 시멘트 건물 안에 잡다한 소장품이 전시돼어 있다. 제 2차 세계대전과 관련된 사진과 스케치, 모형 등은 왼쪽 건물에, 아유타야 시대의 무기, 태국 왕의 초상화 등은 오른쪽 건물에 있다. 한쪽 벽면에는 박물관 창립자의 가족 초상화가 가득 메워져 있다.

• **연합군 공동묘지 Kanchanaburi War Cemetery**

철도 건설에 동원되었다가 목숨을 잃은 연합군 병사들이 잠들어 있는 묘지로 손질이 잘 된 잔디밭에 묘비가 정연히 늘어서 있다. 묘비에는 성명, 연령, 출신지 등이 새겨져 있는데, 그 중에는 아무것도 적혀 있지 않은 무명용사의 비도 있다. 강한 햇살 속에 아름다운 꽃들이 항상 피어 있어 아름다운 정경을 연출한다. 이곳에는 2개의 연합군 묘지가 있다. 하나는 깐짜 부리 시내에 있는 쑤싼 쏭크람 던락 Susan Songkhram Don Rak이고 또 하나는 매클롱 강 건너편의 쑤싼 쏭크람 청까이 Susan Songkhram Chong Kai다. 관광객이 주로 찾는 곳은 쑤싼 쏭크람 던락. 이곳은 죽음의 철도 공사 도중 사망한 전쟁 포로 유해들이 안

연합군 공동묘지

치되어 있다. 쑤싼 쏭크람 청까이는 제 2차 세계대전 당시 포로수용소로 이용되었던 곳으로 1,750구의 유해가 안치되어 있는데 주로 영국인들이다.

• 와트 탐 망콘 통 Wat Tham Mangkon Thong

시 남쪽 변두리에 있는 축돈 Chuck Don에서 나룻배를 타고 맞은편 기슭으로 건너간다. 사원까지는 약 3km. 이곳에도 널찍한 동굴이 있으며, 수도승들의 모습이 눈에 띈다. 타이 전국에서 신앙심이 깊은 사람이 모여드는 사원이다. 또한 물 위에 뜨는 스님 때문에 유명하다.

• 에라완 폭포 Erawan Waterfall

칸차나부리 북서쪽 65km 지점의 공원 내 폭포로 타이에서도 손꼽히는 아름다움을 자랑한다. 현지 사람들이 물놀이를 즐기는 모습이 정말로 흥겨워 보인다. 짙푸른 숲 속에서 물소리를 들으며 시름없이 한가로운 하루를 보내는 것도 즐거울 것이다. 주변은 국립공원으로 지정되어 있으며, 종유석이 멋진 파라타트 동굴 Phara That Cave 등이 있다. 또한 7개의 폭포가 연결되어 있다.

에라완 폭포

3. 아유타야 Ayutthaya

야유타야국은 우리나라 삼국유사에 기록 되어 있다. 일련 스님이 쓴 신라중심의 역사서로 아유타야국의 허황옥 공주가 김해 앞바다에 종을 만드는 주석과 철재료, 대리석 등 여러 가지 보석류를 가지고 도착하였는데 김수로왕이 바닷가까지 맞으러 나가서 왕비로 삼았다라고 기록 되어 있다. 1350년 우통 왕(라마티보디 1세)에 의해 건국된 아유타야 왕국은 노예 제도를 채택하고, 크메르 왕제를 본떠 신성화된 왕이 절대적인 권력자로서 국가를 지배했다. 타이 봉건사회에 계급제도의 기초가 마련된 것도 이 시기였다. 16세기에는 버마군에 의해 일시 점령되기도 하였으나 1593년 나레수안 왕에 의해 다시 독립을 회복했다. 그 이후 고대로부터 교역의 중심지였던 아유타야는 국제적인 무역 도시로 번영했다. 서쪽으로는 페르시아 · 유럽제국, 동쪽으로는 중국 · 일본과 외교 통상관계를 수립하고, '런던과 같은 훌륭한 도시', ' 동양의 베니스'라고 칭송받을 만큼 융성을 누렸다. 여러 나라의 무역상, 외교관, 선교사 등이 오가는 광경도 화려했을 것이다. 그러나 이러한 번영도 왕위 계승 싸움으로 차차 시들해지고, 1767년 버마군의 침공으로 종말을 고했다. 그 후 다음 왕조인 돈부리가 출현하여 방콕으로 수도를 옮김에 따라 아유타야는 유적의 도시로서 현재에 이르고 있다. 태국에서 가장 큰, 높이 16m인 청동불상이 있다. 유네스코가 세계의 문화유산으로 지정한 도시다.

• 와트 프라 마하타트 Wat Phra Mahathat

나레수안 거리와 치쿤 거리의 교차점 남쪽에 있는 유적. 14세기 말에 라메스엔 왕이 건립한 사원이다. 현존하는 체디나 쁘랑은 버마군에 의해 파괴된 흔적이 생생하고 붕괴가 심하다. 상반신뿐인 불상이나 아무렇게나 나뒹구는 불상의 머리 등이 수없이 어지럽게 흩어져 있다. 커다란 나무뿌리에 둘러싸여 도려내어진 불상의 얼굴은 온화한 표정이어서 오히려 애처로워 보인다. 1956년 불탑을 복원하는 작업 도중 많은 보물들이 불탑지하에서 발굴되었다.

• 와트 프라 스리 산페트 Wat Phra Sri Sanphet

아유타야의 중심부 라마 공원Rama Park의 서쪽에 있다. 1448년 최초의 왕궁이 있었던 곳에 세워진 아유타야 왕조의 왕궁 사원이며 아유타야를 대표하는 사원이다. 현재는 왕의 유골을 수장한 3기의 흰 체디(탑)가 남아 있으며 이것은 방콧 왕조의 초기에 재건된 것이다. 북쪽에는 웡루안 왕궁이 이 사원과 함께 세워졌으나 버마군에 의해 파괴되었고 지금은 그 토대만 남아 있다.

아유타야의 머리 짤린 불상

• 와트 프라 몽콜 보피트 Wat Phra Mongkol Bophit

왓 프라 몽콜 보피트

와트 파라 스리 산페트 바로 남쪽에 있다. 16세기에 제작된 타이 최대의 청동 불상이 있으며 높이는 19m에 달한다. 이 불상이 안치된 비함(예배당)은 거듭된 침략과 항쟁으로 파괴되었다가 1956년에 현재 모습으로 재건되었다.

• 와트 라차부라나 Wat Ratchaburana

보롬 라차티랏 2세 Borom Ratshathirat II(=짜오쌈 프라야)가 1424년에 건설했다. 사원에는 스리랑카 양식의 체디와 머리 잘린 불상, 쁘랑 등이 있어 왓 마하 탓과 비슷한 볼거리를 제공한다. 사원에 세워진 두 개의 쁘랑은 전쟁에서 사망한 왕의 두 형을 기리기 위해 만든 것이라고 하며 벽화가 많다.

• 짜오 쌈 프라야 국립박물관 Chao Sam Phraya National Museum

아유타야 양식을 비롯해 롭부리, 우텅, 수코타이, 드바라와티 양식의 불상과 목조조각 등이 전시되어 있다. 왓 마하 탓과 왓 프라 람에서 발굴된 유물들이 대부분을 차지한다.

• **와트 프라 람** Wat Phra Ram

왓 프라 람

라메쑤언 왕이 그의 아버지인 우텅 왕 King Uthong을 화장할 때 사용하려고 만든 사원으로 왕궁 동남부에 있다. 사원 입구는 코끼리가 들어갈 수 있도록 아치형으로 만들어져 있으며, 쁘랑의 일부가 복원되었다.

• **와트 야이 차이 몽콘** Wat Yai Chai Mongkhon

왓 야이 차이 몽콘과 부처상

72m 탑과 그 주위에 있는 수십기의 좌불상이 인상적. 무척 오래된 사원으로 시내 남동쪽에 있으며 현지인들은 간단히 왓 야이라고 줄여서 부른다. 실론(스리랑카)에 유학했던 승려 출신 왕 우통 U Thong에 의하여 1357년 건축된 것으로 알려져 있다. 멀리서도 볼 수 있는 높이 72m짜리 탑은 나레수안 왕 때 건립했다. 탑 주위에는 수십기의 좌불상이 안치되어 있다.

• **아유타야 주변의 볼만한 곳** Aroung Ayutthaya

방파인 별궁 Bang Pa-In Palace - 아유타야 남쪽 약 30km 지점

방파인 별궁

에 있는 아유타야 왕조의 프라사트 톤 왕이 세운 별궁이다. 와트 청퐁니카야람과 궁전으로 이루어져 있다. 아유타야의 멸망과 함께 한때는 폐허가 되었으나 라마 4세와 5세에 의해 수복되어 현재는 왕실의 별장으로 사용되고 있다. 여러 가지 양식의 건물이 아름다운 정원에서 우아한 자태를 겨룬다. 인공호수를 향해 있는 타이 스타일 건축이 아이사완 티파드 로열 파빌리온이다. 녹색과 오렌지색의 지붕이 수면에 비친 광경이 매우 아름답다. 이곳에서 국왕이 저녁 바람을 쐬곤 했다고 한다. 중국 스타일의 우아한 궁전인 와하트 참랑 파빌리온은 내부에 도자기나 가구 등이 전시되어 있다. 르네상스 양식의 바로파스 피망 파빌리온은 의전용 건물로 라마 4세의 왕좌와 회화가 남아 있다.

4. 롭부리 Lopburi

3000년의 역사를 간직한 롭부리는 원래 크메르 제국의 변방 도시였던 곳으로 1666년 아유타야 왕국의 나라이 왕 King Narai은 이곳에 왕궁을 짓고 1년의 절반가량을 머물렀을 만큼 아꼈으나 그

가 죽은 뒤에는 후대 왕들의 방문이 뜸해져 버려진 듯 방치되었다. 롭부리가 다시 주목을 받은 건 4세기가 지나 차크리 왕조 Chakri Dynasty가 아유타야에서 방콕으로 수도를 옮기고 1863년에 라마 4세가 롭부리의 재건을 선언하면서부터이다. 이후 1937년에 입헌 군주제 혁명이 일어나자 롭부리는 군사도시로 개발되기 시작했다. 당시의 흔적은 군사시설이 몰려 있는 신시가지에 고스란히 남아 있다. 아유타야 북쪽 약 60km 지점의 도시로서 6~11세기에 번영한 몬족(族)의 드바라바티 왕국의 중심지였다. 그 후에 땅을 지배한 크메르인이 건립한 크메르 양식의 와트나 아유타야 왕조의 궁전 등이 남아 있다.

• 와트 프라 씨 라따나 마하 탓 Wat Phra Si Ratana Maha That

회반죽이 섞인 라테라이트 Laterite 흙으로 빚은 크메르 양식의 쁘랑이 인상적인 곳이다. 역 바로 앞에 있는 사원으로, 지어진 시기는

왓 프라 씨 라따나 마하 탓

명확하지 않으며 오랜 기간에 걸쳐 수차례 수리되었다. 입구에서 보이는 쌀라 쁠루엉 크루앙 Sala Pluang Khruang은 왕이 종교적인 행사에 참석하기 전에 옷을 갈아입던 곳이다. 그 밖에 나라이 왕 King Narai 때 만들어진 회의장엔 프랑스 양식의 문과 창이 남아 있다.

• 프라 나라이 랏차니웻 Phra Narai Ratchaniwet

나라이 왕이 롭부리를 수도로 정한 뒤 1666~1677년까지 12년에 걸쳐 건설한 궁전. 현재는 국립박물관으로 사용되고 있다. 성벽에 둘러싸인 건물은 외부, 중간부, 내부의 3중 구조로 이루어져 있으며 11개의 문과 뾰족한 연꽃무늬 지붕으로 연결된다. 문과 벽에는 등(燈)이 걸려 있었으리라 짐작되는 연꽃 모양의 작은 구멍이 줄지어 있다. 총 12개에 이르는 건물은 대부분 훼손되었으나 정원만큼은 잘 가꾸어진 채 남아 있다.

• 프라 쁘랑 쌈욕 Phra Prang Sam Yot

많은 원숭이들에게 점령당한 롭부리의 대표적인 사원으로 라테라이트를 이용해 만든 바욘 양식의 18세기 건축물이다. 전형적

프라 쁘랑 쌈욕 원숭이 습격 주의

인 크메르 양식의 쁘랑이 특히 유명한데 총 3개로 이루어져 있고 중앙의 탑은 높이가 21.5m에 달한다. 이곳은 원래 크메르 불교 사원으로 추정되지만 링가(시바 신의 상징)가 만들어지면서 힌두교 사원으로 바뀌었다. 하지만 나라이 왕에 이르러 다시 불교 사원으로 재건되며 벽돌로 만든 집회실이 추가되었다. 건축 양식은 입구의 계단과 창에서 볼 수 있듯이 아유타야와 유럽 양식이 혼합되어 있다. 드센 원숭이들이 사원과 인근 차도를 넘나들며 사람들을 약탈(?)하기 때문에 카메라, 가방 등 소지품에 유의해야 한다.

• 해바라기 들판 Sunflower Fields

320~450㎢ 의 광활한 들판이 해바라기로 가득 차 있다. 매년 11~1월 사이에 롭부리, 파타나 Phatthana, 니콤 Nikhom, 차이 바단 Chai Badan 등의 들판에서 만개한 해바라기를 볼 수 있다. 롭부리 해바라기 축제 Lopburi Sunflower Fair가 매년 10월경에 열린다.

5. 파타야 Pattaya

방콕에서 147km, 버스로 약 2시간 거리에 있는 태국 동부 해안 최고의 휴양지, 파타야. 개별 여행자의 방문 비중은 점점 줄어들고 있지만 방콕에서 가장 가깝고 편리하게 갈 수 있는 대규모 휴양지이자 관광지로, 태국을 찾는 관광객의 30%정도가 들를 만큼 명성

파타야 해변

이 대단하다. 한때 작은 어촌에 불과했던 파타야는 베트남 전쟁이 한창이던 시절, 미국 군함이 자리를 잡게 되었고 그들을 대상으로한 휴양지로 개발되면서 급격한 변화를 갖게 되었다. 미국의 휴양지로 개발됐다. 당시의 영향이 오늘날까지도 남아 1년 한 번씩 태국과의 합동훈련을 위해 미국이 파타야를 찾아오기도 한다. 남파타야는 해변도로를 중심으로 각종 숙소와 유흥시설이 들어서있어 사람은 늘 많은 편으로 낮에는 해변의 야자수 아래서 휴식을 취하고, 밤에는 다양한 밤문화를 즐기는 게 파타야를 즐기는 정석 코스이다. 사람은 여전히 많지만 바다의 물빛은 한결 파랗다.

낮에는 한산하지만 밤만 되면 휘황찬란한 네온사인이 관광객들을 유혹한다. 길거리에는 손님을 유혹하는 밤 여인들과 호객꾼들로 가득 찬다. 이러한 밤의 퇴폐 문화가 파타야의 최대 매력이라고는 하지만 에이즈나 치안, 위생 등 열악한 문제점들도 많다.

• 워킹 스트리트 Walking Street

워킹 스트리트는 파타야 시내 남쪽의 긴 거리 이름으로 파타야 나이트라이프의 상징이자 파타야의 특성을 한눈에 볼 수 있는 곳이기도 하다. 낮에는 정상적으로 차량이 다니지만 저녁 7시부터 다음 날 아침 7시까지는 차량 통행이 금지되어 밤 시간에 천천히 걸으며 구경하기에 좋다. 푸켓 빠통의 방나 로드와 흡사 비슷한 분위기이다. 거리에 들어서면 가장 먼저 눈에 띄는 것은 붉은 술집 간판들과 거리에 나와 호객행위를 하는 아가씨들이다.

다소 퇴폐적인 노천카페와 각종 쇼를 보여주는 바와 나이트클럽들이 밀집되어 있고, 흥겨운 라이브 연주와 함께 생맥주를 파는 펍, 태국 킥복싱을 감상하면서 술을 마실 수 있는 곳도 있다. 골목 사이사이에 아고고라 부르는 남성들을 위한 술집도 지천으로 널려 있다(어린이를 동반한 가족 여행자들은 가지 않는 것이 좋다.) 워킹 스트리트 곳곳에는 술집 뿐 아니라 낭누알과 같은 비교적 규모가 큰 해산물 식당들도 자리하고 있다. 북쪽 입구에서 낭누알이 있는

워킹스트리트내 킥복싱

파타야 인근의 디스코장

곳까지 갔다 오면 워킹 스트리트의 하이라이트는 경험한 셈이다.

• 핫 파타야 Hat Pattaya, 핫 좀티엔 Hat Jomtien

핫 파타야는 타논 핫 파타야 Thanon Hat Pattaya를 따라 4km가량 이어져 있다. 수질이 나빠 수영하기에는 적합하지 않다. 수영이나 해양 스포츠를 즐기고 싶다면 물이 상대적으로 깨끗한 핫 좀티엔 Hat Jomtien Beach으로 간다. 핫 파타야에서 남쪽으로 5㎞쯤 떨어져 있는 핫 좀티엔에는 유흥가가 별로 없고 해변 북쪽으로는 저렴한 호텔과 게스트 하우스, 남쪽으로는 중고급 호텔이 있어 숙소를 찾는 데도 용이하다.

차종환 박사 부부

• 란 섬 Ko Lan

파타야 해변의 근해 10㎞ 지점에 떠 있는 빛나는 흰 모래와 산호초 바다가 자랑인 섬이다. 파타야와 마찬가지로 각종 해양 스포츠를 즐길 수 있으므로 파타야 해변보다 깨끗한 바다를 즐기고 싶은 사람은 이곳으로 가는 편이 좋을지도 모른다. 유람선으로 가면 유리로 되어 있는 배 밑바닥을 통해 산호초 사이를 헤엄치는 열대어를 감상할 수 있다. 이곳에는 6개의 크고 작은 해변이 있는데, 특히

핫 따웬 Hat Ta Waen에 해양 스포츠와 편의시설이 많다. 단체 투어객이 들이닥치는 오전에는 꽤 북적인다. 파타야 남쪽 선착장에서 정기적으로 출발하는 보트가 있다. 란섬의 메인 선착장인 나반 선착장과 여행자들이 즐겨 찾는 따웬 선착장 두 곳으로 보트가 출발한다.

• **알카쟈 쇼 Alcaza Show**

일명 트렌스젠더 쇼라고도 하며 이는 파타야를 대표하는 공연이다. 미모의 출연진들은 본래 남자로, 성전환을 해 여자처럼 살아가는 '까터이 Lady-boy', 즉 트랜스젠더이다. 태국에서는 트랜스젠더에 대해 크게 신경 쓰지 않는 듯 생방송으로 미스 알카쟈 선발대회를 개최할 정도이다. 그중에서 미인으로 뽑힌 사람들을 무대에 세우기 때문에 무희들은 미모가 상당한 편이다.

파타야 트랜스젠더 쇼

알카쟈 쇼에서는 1시간 정도 무대 장치를 바꿔가며 펼쳐지는 다양한 노래와 춤을 감상할 수 있다. 중간 중간 팬터마임 공연도 있는데, 코믹한 주제를 다뤄 관중들을 웃음의 도가니에 빠지게 한다. 공연이 끝난 후에는 건물 앞에서 함께 사진 촬영을 할 수 있는데 사진촬영시에는 Tip을 주어야 한다. 공연에 아리랑을 비롯한 한국노래도 등장한다.

• 농 노 오키드 원더랜드 Nong Noch Orchid Wonderland

이곳의 코끼리 쇼는 최고 인기다. 파타야 남쪽 수쿰빗 Sukhmvit 하이웨이를 따라가다 15㎞ 지점쯤에 있다. 243ha나 되는 광대한 면적에 활짝 핀 난꽃으로 뒤엎여 있는 정원과 동물원, 선인장 정원, 미술관, 타일랜드 양식의 코티지, 식당, 쇼핑센터 등이 있다.

차종한 부부 코끼리타기

이곳에서 가장 인기 있는 것은 코끼리가 춤을 추고 자전거를 타는 등 묘기를 보여 준다. 민속무용 쇼도 있다. 코끼리 쇼. 쇼는 1일 3회 공연한다.

• 파타야 수상시장 Pattaya Floating Market

파타야 남부 총 11,018㎡의 넓은 부지에 만들어진 인공 수상시장이다. 하지만 수로를 따라 장이 펼쳐지는 수상 시장의 면모를 그대로 보여준다. 2008년 11월에 오픈했으며 티크목이나 전통 목재를 사용해서 지어진 집과 상점들이 물 위에 늘어서 있어서 목조 데크로 이어진 길을 따라 구경하면 된다. 태국의 북부, 남부, 중부, 동

파타야 수상시장

부 지역을 대표하는 특산물과 허브 제품, 공예품을 판매하고 전통 공연도 펼쳐진다. 수상시장을 즐기는 방법 중 하나는 배를 타고 시장을 둘러보는 것. 의류, 액세서리, 먹을거리, 전통 기념품 등을 판매하는 110여 개의 상점이 수로를 따라 형성되어 있어서 물건을 사지 않더라도 배를 타고 100여 개가 넘는 상점을 다니며 쇼핑하는 것은 색다른 재미이다. 각 지역의 다양한 전통 음식을 만날 수 있다. 이곳의 수상시장은 인공적으로 조성됐다.

• 와트 카오 치 짠 Wat Kao Chi Chan

치 짠 산을 깎아 불상을 음각하고 음각 부분에 금을 입힌 곳으로 높이는 130m, 너비는 70m에 이른다. 거대한 크기에 입이 떡 벌어

왓 카오치짠

질 정도. 멀리서 바라봐야 한눈에 들어오며 뷰 포인트 주변은 공원으로 조성해 놓았다.

• 미니 씨암 Mini Siam

세계의 건축물을 축소 제작해놓은 곳으로 일명 '소인국'으로 불린다. 정문으로 들어서면 파리의 에펠탑부터 뉴욕의 자유의 여신상, 북경의 천안문, 캄보디아의 왕코르바트, 싱가포르의 머러이언성 등이 있다. 또 태국의 주요 건축물까지 다양한 전시물을 감상할 수 있다. 야간에도 개장하는데 특히 해질 무렵이면 시원한 밤공기까지 더해져 색다른 운치를 안겨준다.

• 백만 년 바위공원과 악어농장
The Million Years Stone Park&Pattaya Crocodile Farm

백만 년 바위공원에서 차박사 부부

파타야 시내에서 자동차로 15분 거리에 있는 공원 겸 농장. 공원은 1억 년이 넘는 화석나무들과 75t이나 되는 괴상한 바위, 200년 넘은 태국 나무 등 희소가치가 높은 화석과 식물로 꾸며져 있다. 탐나는 것이 많다. 농장으로 가면 3만 마리의 악어와 낙타, 호랑이 등이 가득하다. 원하면 동물과 사진도 찍을

수 있고 악어 쇼, 원숭이 쇼, 마술 쇼 등의 공연도 감상할 수 있다.

6. 타이 만 동안(東岸)지역 East Thai Bay Area

찬타부리를 비롯하여 라용, 트라트, 사메트 섬 등 타이 만의 동안 지역은 아름다운 자연의 섬과 조용한 모습이 매력적이다. 다만 유감스럽게도 시끄러운 리조트지 파타야를 빠져 동쪽으로 향하는 여행자가 별로 없기 때문에 교통이 다소 불편하다. 그렇지만 현지 사람들과 의사소통을 하면서 하는 여행은 이른바 외국인 상대의 여행과는 달리 소박한 타이인이 된 듯 한 심정을 경험하게 될 것이다. 우리 가슴에 남을 멋진 타이를 발견하는 여로(旅路)에 올라보자.

타이 만 동안 지역의 교통 상업 중심지는 찬타부리이다. 이곳을 기점으로 동안 지역 일대를 살펴보면 시내에는 특별히 볼 만한 곳이 없지만, 미니버스로 교외에 나가면 풍성한 자연미를 만끽할 수 있다. 관광객이 적기 때문인지 영어가 잘 통하지 않지만, 소박한 타이의 표정을 체험하게 될 것이다.

1) 찬타부리 Chanthaburi

• 프랑스 양식 카톨릭 교회 French-Style Cathedral

찬타부리에는 종교 박해를 피해 온 베트남계의 크리스천이 많아 그들을 위해 세운 성당이다. 찬타부리 강을 바라보고 있는 이 성당은 높이 60m, 폭 20m나 되며 타이에서는 가장 규모가 크다.

• **탁신 왕 공원 King Taksin Park**

시의 중앙에 위치하고 있다. 인공 연못 사이에 탁신 왕의 동상이 서 있다. 그 용감하고 씩씩한 모습은 지폐에도 등장하고 있는데, 우리나라 충무공 동상을 연상하게 한다. 특히 눈에 띄는 것은 눈을 부릅뜬 말의 표정. 동상 말고는 볼 만한게 별로 없는 공원이지만 저녁에 산책하기에 좋은 곳이다.

• **카오플로이웬 Khao Phloi Waen**

시내에서 북쪽으로 몇 킬로미터 지점에 실론 양식의 체디가 있는 나지막한 산이다. '사파이어 반지의 산'으로도 불리며, 지금도 보석이 채굴되고 있는 광산이다. 정상까지 올라가면 사방을 둘러보며 조망할 수 있다.

• **카오사밥 국립공원 Khao Sa Bap National Park**

찬타부리 남동 14km지점에 있다. 대표적으로 볼 만한 곳은 플류폭포 Nam Tok Phliu이다. 국도부터 폭포까지의 길은 소풍 나온 기분으로 즐겁게 걸을 수 있을 것이다. 폭포 그 자체는 높이 20m 가량으로 작지만 용소(龍沼)에서 헤엄치는 것이 매력이다. 그 곳 어린이들과 어울려 무더운 하루를 보내기에 적합한 곳이다.

2) 라용 Rayong

방콕에서 동남쪽으로 180km 떨어진 곳에 위치한, 주변에 아름다운 해변이 많아 최근 리조트 개발이 한창인 라용 주의 주도이다. 특히 가까운 곳에 유명한 리조트 섬 사멧 Koh Samet이 있어 이 섬으로 여행하는 사람들이 라용을 거쳐 사멧 섬으로 들어가게 된다. 우리나라의 젓갈처럼 타이 음식에서 빠져서는 안 될 생선 소스 남플라 Nam Plaa의 주요 생산지이며 파인애플, 두리안 등 열대과일의 주산지로 유명하다. 해마다 열리는 과일 축제 때 관광객들이 많이 몰려온다. 관광 포인트가 없는 작은 어항이지만 열대의 분위기를 느낄 수 있고 유명한 관광지보다는 조용해 한번쯤 여행해 볼만하다. 특히 타일랜드인들이 이 지역에 많이 찾아온다. 해산물이 풍부해 해산물 요리가 맛있으며 어시장을 구경하는 것도 즐겁다. 도시의 심볼인 왓 파 프라도 Wat Pha Phrado 사원은 가용 병원 옆에 있다. 이 사원에는 길이 11.95m, 높이 3.6m의 열반 석가상이 유명하다. 탁신 거리 남쪽으로 돌아가면 왓 루앙 마하차이 춘퐁 Wat Luang Mahachai Chunphong이 있다. 경내에는 돈부리 왕조 때 미얀마와의 전쟁에서 일시라용으로 피신했던 탁신 왕을 기리는 종묘가 서 있다. 탁신은 부친이 중국계였던 것으로 알려져 구정 명절 때 중국계 타일랜드인 참배객들이 많다. 남쪽으로 내려가면 시청, 지방법원 등이 있고 라용 천에 떠 있는 작은 섬에는 높이 10m의 불탑이 솟아 있다. 라용 천에서는 해마다 11월에 보트 경주가 열린다.

3) 코사멧 Koh Samet

코사멧은 방콕에서 동남쪽으로 150km 떨어진 곳에 위치한, 라용 앞바다에 있는 섬이다. 길이 6km로 섬 전체가 국립공원으로 지정되었을 정도로 자연환경과 바다가 아름답다. 대표 해변인 싸이깨우 해변의 부드러운 모래는 반짝반짝 빛나며 건기에는 바다도 에메랄드빛을 띠어 남부의 해변 못지않게 아름답다. 파타야에서 일일투어로 다녀올 만큼 가깝다. 외국인 여행자들도 있지만 주말을 이용해서 여행을 오는 태국 젊은이들이 많다. 이곳은 국립공원으로 지정되며 개발이 제한되어 있다.

<코사멧의 대표적인 해변>

• 핫 싸이 깨우 Hat Sai Kaew

'보석 모래사장'이란 뜻으로 코사멧을 대표하는 해변. 선착장에서 가장 가깝다. 섬에서 가장 크고 넓은 해변답게 편의시설이 잘 갖추어져 있고 방문객도 가장 많다. 대부분의 숙소가 해변에 닿아 있으며 식당과 여행사, 환전 업무 등을 병행한다.

• 아오 힌 콕 Ao Hin Khok

'돌로 둘러싸인 만'이란 뜻으로 핫 싸이 깨우에서 남쪽으로 1km쯤 떨어진 곳에 위치해 있고 핫 싸이 깨우 해변을 통해 이곳으로 넘어갈 수 있다. 두 해변은 바위 위에 세워진 인어상을 중심을 나뉘어

있다. 아오 힌 콕의 가장 큰 특징은 모래가 다른 해변보다 곱다는 것. 마치 밀가루를 뿌려놓은 듯하다. 그래서인지 외국 배낭 여행자들에게 인기가 좋다. 일광욕을 즐기는 사람이 많은 것도 이런 이유에서일 것이다.

• 아오 웡드안 Ao Wong Deuan

핫 싸이 깨우와 함께 코사멧을 대표하는 해변. 4개의 대형 리조트가 들어서 있어 항상 사람이 붐빈다. 반 페의 선착장에서 정규 노선 보트가 다니고 각 리조트에서도 정기적으로 보트가 다니기 때문에 이동이 편리하다.

4) 트라트(뜨랏)와 주변의 섬들

방콕에서 남동으로 400㎞지역에 위치한 캄보디아와 국경을 접하는 지역으로 고무 플랜테이션(대농장)이 펼쳐진 곳이다. 국경마을인 클롱야이 Khlong Yai 등지에서는 군인의 모습을 종종 볼 수 있다. 캄보디아의 정치 사정이 안정되어 있지 않은 만큼 찾아갈 때에는 약간의 주의가 필요하다.

뜨랏 주변에는 있는 한적한 해변

이 지역에는 타이에서 두 번째로 큰 면적의

창 섬 Ko Chang을 비롯한 절경이라고 할 만한 섬들이 산재해 있다. 태국 동부에 자리한 아담한 도시 뜨랏은 볼거리가 풍성하다거나 놀거리가 많은 곳은 아니다. 하지만 도시에는 작은 수로가 흐르고 오래된 목조 가옥이 가득해 현지인의 삶을 가까이서 들여다볼 수 있는 장소임에는 분명하다. 특히 시장은 뜨랏의 정겨운 볼거리.

재래시장과 야시장이 중심가에 있어 현지인들의 만남의 장으로 활용된다. 하지만 방콕에서 315km거리에 있는 뜨랏의 가장 큰 존재 이유는 태국 동부의 주요 교통 요지라는 것. 램 응옵 Laem Ngob을 거쳐 꼬 창 Ko Chang 으로 가거나, 핫 렉 Hat Lek을 통해 육로로 캄보디아로 가려는 여행자라면 반드시 들러야 하는 장소로 손꼽히고 있다.

5) 꼬 창 Ko Chang

방콕에서 동쪽으로 330km 떨어진 섬. 태국에서 두 번째로 큰 섬으로 코끼리 모양을 닮았다고 해서 붙여진 이름이다. 섬의 70% 가량이 열대우림 정글로 천연의 아름다움을 간직하고 있고 주변에 흩어진 51개의 섬을 포함해 꼬 창 해양 국립공원 Ko Chang Marine National Park으로 지정되어 보호되고 있다.

탁신 정부때 꼬 창을 개발하기 시작하면서 고급 리조트들이 들어서고 있지만 태국 남부의 섬에 비하면 아직 미비하다. 그래서 한적한 열대 섬의 정취를 간직한 곳이 여전히 많이 남아 있다. 특히

해변의 남쪽은 미개발된 작은 해변을 따라 토박이들이 사는 어촌 풍경이 그래도 남아 있어 또 다른 정취를 자아낸다. 여행객이 몰리는 해변은 섬의 서쪽에 발달해 있다.

볼만한 곳

- **핫 싸이 카오** Hat Sai Khao

꼬창의 핫 싸이 카오

단까오 선착장에서 썽태우를 타면 가장 먼저 도착하는 해변. 꼬 창에서 가장 인기가 높은 곳으로 숙소나 부대시설이 충분하다. 핫 싸이 카오는 잔잔한 파도와 곱고 기다란 해변, 줄지어 선 야자수가 인상적이다. 해안선 뒤로는 숲이 병풍처럼 드리워져 있다. 서양인 여행자들 사이에서는 흰모래 해변 'White Sand Beach'라고 불린다.

6) 피마이 Phimai

피마이는 태국 동북부의 자그마한 마을이지만 태국 내에서 가장 큰 크메르 유적이 남아 있는 곳이다. 크메르 제국이 캄보디아 본토와 태국의 동북부는 물론 라오스의 남부까지 영향력을 미치던 11~13세기의 건축물을 곳곳에서 발견할 수 있다. 피마이는 제국의

피마이 유적

중심지와 라오스의 중간 기착지 역할을 하던 주요 지역 중 하나였던 만큼 유적이 갖는 의미가 특별하다. 태국 정부는 중심의 사원과 입구 정도만 보존되어 있었던 피마이에 대대적인 복원 작업을 펼쳐 역사공원 Phimai Historical Park으로 꾸민 후 관광객들을 불러 모으고 있다. 물론 피마이 유적은 앙코르 유적 Angkor Ruins만큼 광대하지도 않고 볼거리도 적지만 캄보디아를 방문할 시간이 없는 여행자에겐 방문 가치가 충분하다.

볼만한 곳

• **피마이 역사공원 Phimai Historical Park**

태국에서 가장 큰 앙코르 양식의 대승불교 사원. 크메르 제국이 번성했던 11세기에 만들어져 앙코르 와트 Angkor Wat보다 먼저 건립되었다. 사원으로 들어가려면 먼저 피마이 유적을 감싸고 있는 성벽의 남문을 통과해야 한다.

일명 '승리의 문'이라 불리는 빠뚜 차이 Pratu Chai로 과거에는 앙코르 와트로 향하는 도로가 나 있었다고 한다. 사원 입구는 빠뚜 차이와 마주하고 있다. 안으로 들어서면 뱀 모양의 나가 Naga 장식

이 받치고 있는 십자형 다리가 나타난다. 다리가 있는 계단에는 돌사자 동상 2개가 사원을 경호하고 있다. 참고로 다리를 건너는 것은 신의 시계로 들어가는 것을 의미한다. 입구에 있는 탑, 고푸라를 통해 사원으로 들어가면 크게 3개의 탑이 보인다. 정면에 있는 쁘랑 쁘라탄 Prang Prathan으로 불리는 중앙 성소는 흰색 사암으로 만들어졌다. 2단으로 구성된 기단 위에 연꽃을 형상화한 탑이 세워져 있다. 일반적인 크메르 유적의 탑과는 다르게 가루다 Garuda가 처마를 지키고 서 있다.

피마이 역사공원

고푸라에서 왼쪽에 보이는 붉은색 탑은 쁘랑 브라마닷 Prang Brahmadat으로 이 탑은 피마이 사원을 재건축한 자야바르만 7세 Jayavarman VII가 1181~1220년 사이에 만들었다. 안쪽에는 가부좌를 하고 있는 흉상이 모셔져 있는데, 모델이 자야바르만 7세라고 추정된다. 진품이 피마이 국립박물관에 전시되어 있다.

• **피마이 국립박물관 Phimai National Museum**

캄보디아 관련 유적이 많은 박물관으로 코랏, 차이야품 Chaiyaphum, 부리람 Buri Ram, 쑤린 Surin, 씨싸켓 Si Sa Ket 등 태국 동북부(이싼) 지역에서 출토된 유물이 전시되어 있다. 2층짜리 건물로 특이하게도 입구가 2층에 있다. 박물관 앞에는 인공 호수 주변에 조각품을 전시한 야외 전시실도 마련되어 있다.

피마이 국립박물관

• **싸이 응암 Sai Ngam**

피마이에서 동북쪽으로 약 2km 떨어진 곳에 있는 공원. 동남아시아에서 다섯 손가락 안에 꼽히는 대규모 보리수 공원으로 350년이 넘는 보리수 Banyan Tree가 15,000㎡의 공간에 그물처럼 엉켜 있다. 규모에 비하면 한적하고 조용하다.

7) 수코타이 Sukhothai

1238년 타이 족의 두 수장이 크메르 족의 지배에서 벗어나 타이 민족 최초의 독립국가 수코타이 왕국을 창건하여 이곳을 수도로 삼았다. 대왕은 스리랑카에서 테라와트 불교를 도입하고, 중국으로부터 도예를 배워 사왕카록 자기를 만들어 냈으며, 크메르 문자를 개량하여 독자적인 타이 문자를 고안하는 등 다른 문화를 받아들여 다양한 업적을 남겼다.

수코타이 사찰

그러나 대왕의 사후에 차차 국력이 쇠퇴하여, 1378년 새로 일어난 아유타야 왕조의 침략을 받아 그 지배하에 들어갔다. 짧고도 빛나는 그 역사는 종말을 고했지만, 수코타이의 문화유산은 현대의 타이 문화에 계승되고 있다. 수코타이는 태국 전역을 통틀어 가장 많은 여행자가 방문하는 역사 유적지로 마치 야외 박물관에 온 듯 정리되고 보존된 유물을 대할 수 있다. 지금처럼 볼거리가 풍성해진 것은 람캄행 대왕 King Ramkhamhaeng(1278~1299년) 덕분이다.

그의 치세 동안 태국은 현재와 비슷한 영토로 확장되었고, 수코타이는 신시가지와 구시가지로 구분되어 개발 · 보존되고 있다. 욤강 Mae Nam Yom이 흐르는 신시가지는 주거 지역이고, 구시가지에 해당하는 수코타이 역사공원은 유네스코 세계문화 유산으로 지정되어 보호되고 있다.

타일랜드의 대표적인 유적 관광지 중의 하나인 수코타이 유적은 삼림 속에 무려 700여 년 동안이나 숨어 있었다.

한때 이곳은 폐허라고 말할 수 있을 정도로 숲속에 방치되어 구경하는 것도 위험할 지경이었지만, 지금은 유네스코의 도움으로 복원되거나 안전시설이 보완되어 관광객들에게 공개하고 있다.

볼 만 한 곳

• **수코타이 역사공원 Sukhothai Historical Park**

황폐할 대로 황폐해진 수코타이 유적은 근래에 들어 유네스코의 협조로 사적 공원으로 정비, 보존되고 있다. 동서 1,800m의 도읍지 부분을 중심으로 광범위하게 유적이 흩어져 있다. 먼저 성벽 내부에서부터 주변부를 둘러보자.

수코타이 역사공원

• **와트 마하타트 Wat Mahathat**

역사공원의 한복판에 위치해 있다. 왕실 사원에 해당하는 사원으로서 수코타이 최대 규모를 자랑한다. 경내에 185기의 탑과 18채의 예불당이 산재해 있으며, 중앙 높이 8m의 불상은 융성했던 지난날을 되새기게 해준다. 동쪽의 2열로 된 기둥으로 둘러싸인 높은 토대 위에 앉은 불상도 인상적이다. 태양의 움직임에 따라 변하는 표정들이 멋지다. 특히 석양을 등지고 미소 짓는 모습은 매우 아름다워 우편엽서 등에 많이 소개되고 있다.

와트 마하타트

• **람캄행 국립 박물관 Ramkhamhaeng National Museum**

람캄행 국립 박물관

수코타이 및 그 주변에서 발굴된 불상 등의 미술품을 전시하고 있는 박물관. 고대에 변기로 사용했던 돌 따위도 있다. 유적의 모형이나 각종 설명 등을 통해 수코타이 유적을 보다 깊이 이해할 수 있을 것이다.

• **와트 사판 힌 Wat Shphan Hin– 수코타이 폐허 볼 수 있는 '돌다리' 사원**

성벽 서쪽 구시가지에서 약 2km쯤 떨어진 200m 정도 높이의 구릉에 있다. 사판 힌은 '돌다리' 라는 뜻이다. 정상까지 돌을 깐 도로가 이어져 있기 때문에 붙여진 이름이다. 이 사원에 오르면 수목 사이로 수코타이의 폐허가 한눈에 보인다. 12.5m 높이의 거대한 불상이 서 있으며 탑 등이 몇 개 남아 있다.

• **와트 스리사와이 Wat Sri Sawai**

와트 마하타트의 남서쪽에 있는 사원. 라테라이트(laterite: 紅土)벽으로 둘러싸인 3기의 크메르 양식 탑당(塔當)인 '쁘랑'이 늘어서 있다. 힌두교 사원이었던 것을 불교사원으로 개조한 것이다.

• **와트 스리춤** Wat Sri Chum

성벽 바깥 북서쪽에 있는 사원. 와트 마하타트와 함께 방문객이 가장 많은 곳이다. 지붕이 없는 본당은 넓이가 사방 32m이고, 높이는 15m, 벽 두께가 3m나 되는 안에 '프라 아차나(Pra Achana)'라고 불리는 거대한 불상이 안치되어 있다.

수코타이에서 가장 큰 좌불상으로 가늘고 기다란 손가락이 인상적이다. 무릎과 무릎 사이가 11m, 높이는 15m에 달한다. 남쪽 벽에서 터널을 지나 불상 뒤로 나가면 좁은 계단이 있고, 그 계단을 올라가면 불전 꼭대기에 오를 수 있다. 그 곳에서 수코타이 유적을 한눈에 바라볼 수 있다.

• **람캄행 동상** King Ramkhamhaeng Monument

태국 문자를 만든 람캄행 대왕 King Ramkhamhaeng을 기리는 동상. 수코타이의 8번째 왕인 람캄행 대왕은 태국의 위대한 대왕 3명 중 1명으로 꼽히는 인물로 동상을 보면 그가 문자를 발명한 것을 기리듯 오른손에 책이 들려 있다. 왕 마하탓에서 북쪽으로 100m쯤 떨어져 있다.

8) 씨 싸차날라이 Si Satchanalai

수코타이가 번성했던 13세기 중엽에 세워진 위성도시로 당대의 건축과 도시 모델을 볼 수 있는 곳이다. 수코타이와 마찬가지로 '므

앙 까오 Muang Kao'라고 불리는 역사공원이 조성되어 있고, 유네스코 세계문화유산으로 지정, 보호되고 있다.

씨 싸차날라이는 수코타이에서 욤 강 Mae Nam Yom을 따라 북쪽으로 57km 떨어져 있어 하루 코스로 다녀오기 좋다. 수코타이가 많은 사람들로 번잡하다면 방문객이 적어 한적하게 유적을 둘러볼 수 있는 씨 싸차날라이로 발걸음을 돌려보자. 현지인들은 '씨삿'이라고도 부른다.

• **씨 싸차날라이 역사공원 Si Satchanalai Historical Park**

수코타이 시대인 13~15세기에 만들어진 유적. 수코타이와 마찬가지로 성벽과 해자에 둘러싸여 있다. 지금은 수코타이 역사공원에 비하면 규모가 작지만 전성기에는 거의 맞먹는 위용을 자랑했을 것으로 추정된다.

• **와트 창 롬 Wat Chang Lom**

13세기 말에 건립된 사원. 씨 싸차날라이 역사공원을 대표하는 사원으로 당대의 건축양식을 잘 보존하고 있어 볼거리가 풍부하다. 특히 스리랑카 양식의 거대한 종 모양의 체디와 유적은 빼놓지 말고 봐야 할 볼거리. 체디의 기단부에 새겨진 코끼리 조각 때문에 '코끼리에 둘러싸인 사원'으로 불린다.

• **와트 낭 차야 Wat Nang Phaya**

라테라이트 재질의 성벽에 둘러싸여 있는 사원. 스리랑카 양식의 종 모양 체디를 감상할 수 있다. 체디 왼쪽에는 15세기, 초기 아유타야 양식의 불당인 위한 Vihan이 있는데, 특히 서쪽 벽에 남아있는 석고 조각이 인상적이다.

제2장

태국 북부

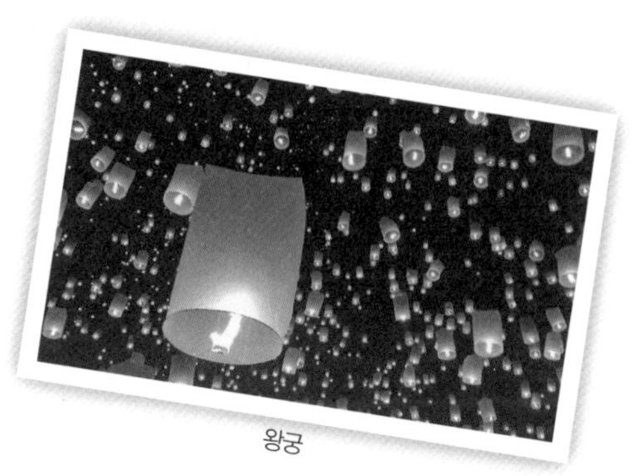
왕궁

1. 치앙마이 Chiang Mai

치앙마이는 방콧 다음가는 북부 타이 최대의 도시이다. 인구는 약 16만 명이며, 방콧의 6배 넓이이다. 600만명 이상이 모여 사는 방콧과는 비교가 안 될 만큼 인구밀도가 낮은 도시이다. 시가지에는 성벽, 해자(垓子), 성터 등이 남아 있고, 많은 사원이 들어서 있다. 왕도(王都)로서 여러 세기에 걸쳐 번영을 누렸으나, 우리나라 경주와 같은 고도(古都)의 이미지보다는 지방 성주의 성시(城市)와도 같은 정취를 간직한 도시이다.

치앙마이 도시중앙을 흐르는 핑강

라나 왕조를 창시한 멩라이 왕 King Mengrai에 의해 치앙센, 치앙라이에 이어 '새로운 도읍'이라는 이름으로 이 도시가 발족된 것은 1296년으로 그 이후 1556년에 버마에 정복되기까지 왕조는 계속되었다. 탁신 왕에 의해 버마로부터 독립을 회복한 것이 1775년이었다. 그 후 1938년까지 치앙마이 왕조가 존속하였다. 치앙마이는 해발 300m 높이에 있으며, 연간 평균 기온이 25.5℃로 비교적 지내기 좋은 지역이지만, 12~1월의 밤 기온은 10℃까지 내려가는 경우도 있다. 사원 300여개가 산재해 있다.

치앙마이 시민들은 자부심이 상당히 높다. 타일랜드의 다른 지방과 언어도 다르고 문자도 달라 북부지방의 독특한 문화를 형성하고 있다. 특히 이곳 사람들은 피부색이 흰 편이고 여자들은 미인이 많기로 소문 나 있다. 이곳 시민들은 방콕에 결코 뒤지지 않는

문화 수준을 유지하면서도 방콕과 같이 지독한 매연에 시달리지 않고 전원 같은 도시생활을 즐기고 있다.

• **나이트 바자 Night Bazaar**

각종 의류, 가방, 목공예품, 고산족이 만든 옷이나 모자, 태국산 티크로 만든 가구 등을 구입할 수 있다. 같은 상품이라도 방콕에 비해 훨씬 저렴하기 때문에 기념품 고르기에 적당하다. 무수히 많은 관광객이 모이는 장소인 만큼 흥정은 필수다. 정오부터 가게들이 하나둘 문을 열기 시작하지만 나이트 바자의 참맛을 느끼려면 저녁에 가는 게 낫다. 저녁 8시 전후에는 몸을 부딪치지 않고는 지나가기 힘들 정도로 인파가 몰린다.

• **일요 시장 Sunday Market**

매주 일요일 오후가 되면 거리를 따라 형성되는 시장이다. 치앙마이 주민들이 만든 수공예품과 의류, 액세사리를 비롯해 음식점, 마사지 등 각종 노점이 가득 들어선다.

일요 시장의 최대 장점은 구시가의 정취와 시장의 활기가 묘하게 조화를 이루는 것이다. 다만 쇼핑이 목적이라면 시장이 문을 열기 시작하는 오후 4시경이나 아예 늦은 밤에 찾는 게 낫다. 저녁 6~9시경에는 많은 사람들이 몰린다.

• 와로롯 시장 Talat Warorot

치앙마이의 대표적인 재래시장. 현지인이 즐겨 쓰는 생활용품과 먹거리를 판다. 특별히 뭘 사지 않아도 보는 재미가 쏠쏠한 곳. 낮보다는 저녁에 시장도 커지고 물건의 종류도 다양해진다. 낮에는 삥 강 Mar Nam Ping과 맞붙어 있는 꽃시장이 가장 볼만하다.

• 토요 시장 Saturday Market

빠뚜 치앙마이 인근 성벽 외곽에 자리한 타논 우아라이에 토요일마다 형성되는 시장이다. 구시가에서 공항을 가장 빠르게 연결하는 도로인 우아라이는 토요일이면 워킹 스트리트로 바뀌어 여행자들을 불러 모은다. 저녁 6~9시경에는 똑바로 걸어 다니기 힘들 정도로 사람들이 몰린다. 토요 시장에서 판매되는 품목은 수공예품, 의류, 기념품, 액세서리 등으로 일요 시장과 유사하다.

• 와트 프라싱 Wat Phra Sing

4대 캄푸 왕의 유해 안치 사원이다. 5대 파유 왕의 부친 캄푸 왕의 유해를 봉납하기 위해 1345년 이 사원을 건립했다. 왓 프라싱의 불상은 1400년에 치앙라이에서 옮겨왔으니 원래는 스리랑카로부터 전해진 것으로 알려졌다. 1922년 머리를 도난당해
복제품을 안치해 두고 있다. 불당 안의 벽화는 14세기
말 활약한 원주민 화가의 작품으로 당시 치앙마이 생활상을 잘 묘

사하고 있다. 프라싱 Phra Sing 거리 끝에 위치하고 있다.

• 와트 수안독 Wat Suan Dok

성벽의 서문인 수안독 문에서 서쪽으로 약 700m 가량 떨어진 곳에 있는 사원. 1383년에 건립한 것으로 역대 왕가의 납골당인 흰 체디가 늘어서 있다. 수안독(화원)이라는 말에서도 알 수 있듯이, 수많은 아름다운 꽃과 나무가 화사함을 뽐내는 사원으로도 유명하다. 거대한 불당에는 500년이 된 대동제 불상이 안치되어 있다.

• 와트 체디 루앙 Wat Chedi Luang

1401년에 건립된 90m 높이의 체디가 유명한 사원. 1545년에 치앙마이를 강타한 지진으로 손상을 입어 현재는 윗부분이 파손된 채 60m 높이로만 남아 있다. 하지만 체디 중앙의 좌불상은 고스란히 보존되어 있어 볼거리를 더한다. 사원 입구 왼쪽에 불당이 있고, 불당으로 올라가는 계단 옆에 스투코 조각이 늘어서 있다. 불당의 남동쪽 가장자리에는 락 므앙 Lak Muang이라 불리는 돌기둥이 있다. 락 므앙은 우리나라 절의 당간지주(幢竿支柱)와 같은 것으로 치앙마이를 지켜준다고 여겨진다.

• 와트 쳇 욧 Wat Chet Yot

인도 부다가야 건축양식의 영향을 받은 사원 시내 북쪽 치앙마이 국립박물관 가까이에 있다. 정식 명칭은 와트 포타람마하비한이며 쳇욧은 7개의 탑을 의미하는데 본당 뒤에 있는 7개의 석탑에서 이 이름이 붙여졌다. 1455년 9대 티로 카랏 왕 때 건축되었다. 인디아의 부다가야 사원 건축양식의 영향을 많이 받은 것으로 알려져 있다. 주위를 둘러싸고 있는 잔디 정원이 아름다우며 시내에서 다소 멀리 있는 탓인지 관광객이 많지 않아 관광하기 좋다.

• **와트 치앙만** Wat Chiang Man

치앙마이 왕국 때 건립한 700년 된 사원으로 치앙마이에 있는 사원 가운데 가장 역사가 깊은 사원이다. 멩라이 왕이 치앙마이 왕국 건국 다음해인 1296년에 건립했으며 당시에는 왕의 주거지로 사용했다. 당시의 건물들은 모두 붕괴되고 현재의 건물은 재건된 것이다.

이 중 위풍당당한 본당 건물은 19세기에 건축한 것으로 1993년에 전면 보수했다. 이 건물은 전형적인 북부 타일랜드의 건축 양식을 보여 주고 있다.

본당 안에는 2개의 불상이 안치되어 있는데 그 중 20~34cm 크기의 불상은 약 2500년 전에 스리랑

북부 주도인 치앙마이 사찰

카 또는 인디아에서 건너 온 것으로 추정된다. 다른 하나는 1800년 전에 롭부리로부터 이전해 온 것으로 추정되는 크리스탈 불상으로 높이가 10cm이다. 이 불상들은 크기는 작으나 그 오래된 역사 때문에 불교도들로부터 추앙받고 있다. 본당 뒤에는 15마리의 코끼리가 떠받치고 있는 탑이 있다.

• 3왕 동상 Three Kings Monument

12세기에 태국 북부에 왕조를 형성했던 수코타이, 파야오, 란나의 왕들이 새겨진 동상. 성벽 안쪽의 구 시청 건물 앞마당에 세워져 있다. 당시 세 왕국은 미묘한 대립과 우호 관계를 형성하고 있었다. 대립 관계가 형성된 계기는 수코타이의 람캄행 왕이 파야오의 응암으엉 왕의 아내에게 추파를 던졌기 때문. 이때 란나의 멩라이 왕이 중재자로 나서 결국 세 나라가 평화협정을 맺게 되었다. 3왕 동상이 세 왕이 머리를 맞대고 상의하는 모습인 것은 이런 이유가 있다.

• 치앙마이 국립박물관 Chiang Mai National Museum

선사시대의 하리푼차이 왕국부터 현재 태국의 한 주에 속하기까지 치앙마이와 태국북부의 역사를 일목요연하게 전시해놓은 곳. 규모는 작지만 정리가 잘되어 있어 이 지역의 역사를 이해하는 데 도움이 된다. 생활용품과 민예품도 전시되어 있다.

• 푸삥 궁전 Phu Ping Palace

1972년 완공되어 현 왕족 별장으로 사용되는 곳. 매년 12~2월의 왕족 방문 기간을 제외하면 사시사철 일반인에게 공개된다. 하지만 궁전 내부는 출입 금지이고 장미 공원과 숲길로 향한 산책로만 출입이 허용 된다.

• 도이 쑤텝 Doi Suthep

치앙마이를 대표하는 사원으로 서북쪽에 있는 해발 1,250m의 산 정상에 있다. 14세기 끄나 왕 King Keu Na 때 만들어진 사원으로 공식 명칭은 와트 프라탓 도이 쑤텝 Wat Phra That Doi Suthep. 줄여서 도이 쑤텝으로 부른다.

사원이 있는 정상까지 걸어가는 방법과 돈을 내고 편하게 케이블카를 타고 올라가는 방법이 있다.

• 보상 마을 Bo Sang Village

치앙마이에서 동쪽으로 9km쯤 떨어져 있다. 전통적인 타일랜드 우산을 만드는 마을로 도로변에 공방과 상점들이 늘어서 있다. 이곳에서는 천과 대나무를 사용해 모두 손으로 만든다.

공방에서 우산을 만드는 과정을 구경할 수가 있다. 적 · 황 · 청색이 선명하며 꽃이나 용 등을 그려 넣는다. 작고 귀여운 우산은 선물용으로 적당하다.

• **치앙마이 고산족 박물관 Tribal Museum**

고산족에 관심이 있다면 꼭 들러봐야 할 곳. 시내에서 4km쯤 떨어진 호수 위에 있는데, 건물 모양이 꽤 멋스럽고 독특하다. 전시실에는 고산족에 관한 자료가 자세하게 정리되어 있을 뿐 아니라 컴퓨터로 동영상도 볼 수 있다.

입장료는 무료지만 슬라이드와 비디오 관람은 유료다. 1층 시청각실에서 관람할 수 있고 2인 이상 신청해야만 한다. 고산족 박물관은 랏차만칼라 공원 Ratchamankhala Park안에 있다.

• **도이 뿌이 Doi Pui**

고산족 마을인 도이 뿌이 Doi Pui는 메오족이 거주하는 곳. 관광객이 많이 찾는 곳이라 입구에서 마을로 올라가는 길목까지 기념품을 파는 상점이 늘어서 있다. '순수한' 고산족들을 만나려는 사람이라면 실망스러울 수도 있다.

입구로 들어서면 왼쪽과 오른쪽에 2개의 마을이 형성되어 있으며 오른쪽 마을에서는 고산족 생활 박물관을 관람할 수 있다. 입구에서 유료로 전통의상을 빌려주고 사진을 찍어준다.

2. 북부 타이 산악(소수) 민족

북부 타이는 중국 원난성(雲南省), 구이저우성(貴州省)과 함께 산악민족(소수민족)이 많이 살고 있는 곳으로 알려져 있다.

그 수는 21부족, 약 55만 명이라고 하며, 근대 문명을 서서히 수용하면서도 각기 독특한 역사, 언어, 문화, 풍습을 지키면서 조용히 살아가고 있다.

<태국의 고산족>

• 차우카오

깊은 산악지대에 거주한다고 해서 붙여진 이름, 고산족. 태국의 고산족은 원래 중국과 티베트, 미얀마, 라오스 등지에 살던 사람들로 더 나은 생활을 찾아, 혹은 적을 피해 남으로 이주해왔다. 현대 문명과는 동떨어진 채 살아왔기 때문에 전통적인 삶의 방식을 고수하고 있는 경우가 많다. 하지만 법적으로 태국인으로 인정받지 못해 불리한 입장이다. 이동도 일정 지역 내에서만 허용될 뿐이다. 카렌족, 뗀족, 루아족, 카무족은 해발 600m 정도의 비교적 낮은 언덕과 계곡에 살고, 몽족, 라후족, 아카족, 리수족, 미엔족 등은 해발 1,000m 이상의 고지대에 산다.

• 미엔 족 Mien(야오 족 Yao)

일반적으로 야오 족이라고 부르는데, 그들 스스로는 인간이라

미엔족(야오족)

는 뜻의 미엔이라고 부른다. 조상은 중국 후난성(湖南省) 출신이라고 하는데, 라오스를 경유해서 타이 북부에 도래한 민족이다. 타이로 온 것은 약 70년 전. 비교적 근래에 이주한 민족이라 대부분은 난, 치앙라이, 파야오 등 타이 북부 부근에 많이 모여 산다. 인구는 약 6만 명. 여성의 의상이 꽤 특이하다. 수를 놓은 검정색 윗옷 위에 붉은 몰 같은 머플러를 두른다. 바지는 천조각을 이어 맞춘 것 같은 옷감을 사용하고, 그 위에 다채롭게 수를 놓았다. 기본적으로 결혼은 남성이 일족 이외의 여성을 선택하고, 많은 지참금을 치르고 데려오게 되어 있다. 일부다처의 가정도 있다. 신앙은 애니미즘이 주류를 이루고 있지만, 중국 도교(道教)의 가름침에도 크게 영향을 받고 있다.

• **라프족 Raphu**

티베트, 버마어 계통의 종족으로 높은 산에 고상식 주택을 짓고 산다. 라프라는 말은 '호랑이를 사냥하는 민족'이라는 뜻이다. 옛날에는 호랑이 등 맹수들을 사냥하는 용맹한 수렵 민족이었다. 라프나족, 라프니족 등 라프족에도 여러 분파로 나뉘어져 있으며 이들 간에는 관습의 차이가 조금씩 있다. 현재는 그리스도교가 이곳까지 침투해 마을에 교회가 서 있으며 찬송가 소리도 들린다. 그리스도

교의 영향으로 각종 행사 때도 양력을 사용한다. 고상식 주택에 살며 농업과 사냥이 주업이다.

• 몬 H'mon족(몽족)- Meo족

원래는 중동 지방의 티그리스와 유프라테스 강 유역에서 살던 민족이었으나 유럽으로 이주했다가 시베리아를 거쳐 중국, 베트남, 라오스를 넘어 이곳까지 흘러왔다고 전해진다. 이 민족 중에 금발머리를 한 사람들이 많다는 것이 이를 입증한다고 학자들은 말한다. 타일랜드에서 두 번째로 인구가 많은 산악민족으로 현재 인구는 6만 5천명 정도이다. 흙으로 만든 토막집에 살며 의상은 검은색, 종교는 정령 신앙을 믿는다. 화전을 일구어 양귀비와 옥수수 재배 등으로 살아왔으나 최근 양귀비 재배가 금지되면서 외국관광객을 받아들여 생활비를 벌고 있다. 치앙마이에서 가장 가까운 산악부족 마을이어서 관광지로 개발되었다. 민족의상을 입은 마을 사람들이 관광객들을 마중하며 마을의 전통무용 공연도 한다. 길 양쪽에는 토산품점들이 늘어서 있고 전기시설까지 설치되어 있어 산속의 전통 부족 마을이라는 인상이 들지 않는다. 지금도 일부다처제를 채택하고 있는 마을이 있는데, 이것은 여러 명의 아내를 거느림으로써 화전 면적을 늘리기 위해서라고 한다. 전통의상 색깔을 기준으로 푸른 몽족(몽 유아)과 흰 몽족(몽 드)으로 구분되는데, 서로 문화, 습관, 언어 등이 조금씩 다르다. 평상시 푸른 몽족 여성은

자수를 놓은 짙은 감색 치마를 입고 흰 몽족 여성은 치마 대신 폭이 넓은 검은 바지에 자수가 새겨진 앞치마를 걸치고 있다. 몽족은 중국 한족에 1000년 가까이 대항하기도한 민족으로 매우 폐쇄적이고 총명하며 전투적이다. 손재주가 좋아 민속의상이나 모자, 가방, 액세서리 등을 만들어서 생계를 꾸려나간다. 몽족은 15세부터 자유연애가 허용되어 여성도 마음에 드는 남성이 있으면 언제든 함께 밤을 보낼 수 있다. 혼전이라도 아이가 생기면 축하를 받고, 또 이를 매우 자랑스러워한다. 타민족과는 결혼하지 않는다. 중국에서는 먀오(苗)족이라고도 부르는데, 현재도 운남성(雲南省), 귀주성(貴州省), 사천성(四川省) 등에 500만 명 이상이 거주하고 있다.

• **카렌족 Karen(Yan족)**

이 민족의 기원은 정설이 없고 미얀마 서쪽에서 들어온 민족이라고만 알려져 있다. 인구는 타일랜드 산악민족 중 최대 규모인 24만 명이나 된다. 높은 산악보다는 낮은 곳의 강가에 고상식 주택을 짓고 정착 생활을 하며 수경농업과 목축업으로 생활하고 있다. 특히 코끼리를 잘 다루어 코끼리를 농업에 많이 이용하는 민족이다. 미혼여성은 흰 모자

카렌족

가 달린 검은 의상, 기혼여성은 검은 상의에 색채가 심플한 스커트를 입는다. 산악민족으로는 드물게 기독교를 믿는 사람들이 많다. 어린아이 때부터 담배를 즐길 만큼 애연가들이다. 다른 산악민족에 비해 색깔이 화려하지 않고 수수한 민족의상이 특징이다. 혼인 관계는 일부 일처제로 혼전 관계를 엄격히 금하고 있다. 결혼 신청은 여자편에서 하며, 막내딸과 그 남편이 부모의 재산을 상속받는 모계사회이다. 산악민족의 남성은 별로 일을 하지 않는다고 하는데, 카렌족의 남성은 농경이나 수렵 등으로 모계사회에 이바지하고 있다. 목이 길어 유명한 빠동족(Paduang)도 카렌족의 일파다.

• 리소 족 Lisaw(리수 족 Lisu)

티베트에서 왔다고 하며 중국 윈난성, 미얀마에도 살고 있다. 산악민족중에서도 가장 고지에 살며 화전농업이나 육도(陸稻)재배도 하지만, 가축을 많이 기르며 방목적인 농업을 한다. 고지민족이기 때문인지 남녀 모두 키가 크고 체격이 늘씬하다. 의상이 다채롭기 때문에 산악민족을 다룬 우편엽서의 사진 중에는 리소족이 거의 대부분을 차지한다. 그만큼 미남미녀가 많다는 증거이기도 하다. 대

리소 족(리수족)

부분의 여성은 머리에 터번(머리수건)을 감고, 무지개 빛깔의 선명한 윗옷과 느슨한 바지를 착용한다. 남성은 흰 터번에 은구슬을 단 검은 윗옷과 연푸른색 바지를 입는다. 민족의 성격은 쾌활하여 축제나 춤을 무척 좋아한다. 부계사회로서 일부일처제이지만, 여성 쪽이 더 많은 일을 한다. 또 중국의 영향을 받아서 젓가락을 사용하며 차를 즐긴다. 타이에 사는 인구는 약 24,000명이다. 그리스도 교인들이 증가하는 추세다. 현재 태국의 치앙마이, 치앙라이, 매홍쏜, 캄팽펫 등 해발 600m이상의 산에 주로 거주하며 운남성에도 아직까지 약 47만 명이 거주하고 있다. 청결한 것을 좋아해 계곡 근처에 거주하며 매일 목욕과 세탁을 빠뜨리지 않는다. 자존심이 매우 강해 불이익을 당하면 호전적으로 반응하기 일쑤. 태국 정부의 제재를 받으면 바로 다른 곳으로 이주해버리곤 한다.

• 라후족 Lahu

티베트 동부와 중국 서남부를 기원으로 하는 종족. 현재 태국에서는 치앙마이, 치앙라이, 매홍쏜, 땀 등에 정착해 살고 있고, 중국의 운남성과 미얀마에도 각각 25만 명과 11만 명이 거주하고 있다. 원래는 사냥에 능한 종족이라 사냥꾼이라는 뜻의 '무써'라고 부를 정도였다. 하지만 지금은 농사가 주업. 쌀이나 다른 곡물을 화전식으로 재배할 뿐 아니라 야채, 고추, 면화, 커피 등을 키워 생계를 해결한다. 주거 형태는 카렌족과 비슷한 고상식(高床式). 집을 침실과 거실로 나누고 있으나 화장실 이 없는 경우가 많다. 종교적으로는 다른 고산족에 비해 기독교로 개종한 인구가 많지만 아직도 정령신앙을 믿는 사람이 대부분이다. 다른 고산족에 비해 많은 하위 종족을 두고 있으며, 각각 문화나 습관 등이 조금씩 다르다.

라후족

• 아카족 Akha

매싸이와 치앙라이의 해발 1,000m 이상 산악지대에 촌락을 형성하고 있는 종족. 지금도 미얀마에서 태국으로 꾸준히 이주해오고 있다. 타일랜드인들은 이코족이라고 부른다. 티베트, 미얀마어 계통의 민족이다. 산 밑 강변에 고상식 주택을 만들어 살고 있으며 주택은 남자 방과 여자 방이 따로 있다. 마을 입구에는 악령으로부터 마을을 지켜준다는 우리나라의 솟대와 같은 사당문과 남녀를 상징하는 나무로 된 인형이 서 있다. 정령 신앙이 주민들을 지배하고 있다. 자유연애가 허용되며 일부다처제를 인정하고 있다. 농업은 주로 여성들이 하며 남자들은 집에서 아이들을 돌보거나 빈둥 거린

아카족

다. 여성들은 모자에 은제장식을 달고 있는데 이 은제장식이 악령으로부터 몸을 지켜준다고 믿고 있다. 인구는 3만 4천명. 조상은 중국 윈난성에서 옮겨 왔으며, 현재도 라오스 또는 미얀마를 거쳐 북부 타이로 이주하고 있다. 전형적인 산악민족으로 산악민족 가운데에서도 가장 가난한 생활에 쪼들린다. 또 정령신앙이 매우 강하기 때문에, 그 생활상은 신비적이다. 마을마다 반드시 정령을 모신 오두막이 있으며, 개를 의식의 공양으로 바치는 등 여러 가지 이상한 풍습이 있다. 풍습과 어법이 한국과 비슷한 점이 있어 옛날 고구려 유민들의 후예라고도 추정되고 있다. 의상은 검정색이 기본색이다. 여성은 원뿔 모양의 모자를 쓰고 가슴께에 선명한 액세서리를 달며, 남성은 헐렁헐렁한 검은 옷을 입는다.

• 마브리 Mabri족

마브리 족은 태국 내에 거주하는 소수민족 중에서도 희귀 소수민족에 속하는 종족인데, 유목 생활을 하며 난 일대의 고립된 산악지역에서 볼 수 있다. 태국인들은 '숲속 사람'이란 의미로 마브리라 부르지만 원래 이름은 피 통 루앙 Phi Thong Luang이다. 마브리족은 종교적으로 한 곳에 오랫동안 정착하면 신의 저주를 받는다고 믿고 있다. 그래서 거주지를 정기적으로 옮긴다. 나뭇잎과 바나나 잎을 이용해 집을 지어 생활하다가 잎의 색이 노랗게 변하면 옮기기 때문에 '나뭇잎의 혼령'이라고도 불린다.

• 그 밖의 산악민족

타이의 원주민인 라와 족, 미얀마의 샨 주에 사는 샨 족, 아시아어 족 중에서는 최대민족인 후틴 족 등이 있다. 이들 민족도 위에 말한 민족과 마찬가지로 타이, 미얀마, 라오스의 깊은 산속에서 독자적인 생활습관을 지키며 살아가고 있다.

3. 람빵 Lampang

치앙마이에서 불과 100km 떨어져 있는 람빵은 태국 북부에서 두 번째로 큰 도시이다. 방콕과 치앙마이 구간의 모든 도로와 철도가 통과해 교통의 중심지로 발전하고 있다. 북부의 다른 도시에 비해 상대적으로 볼거리가 적어 방문객이 많지는 않다. 하지만 치앙마이의 도이 쑤텝 Doi Suthep과 함께 태국 북부에서 꼭 봐야 할 주요 볼거리로 꼽히는 와트 프라탓 람빵루앙이 있어 일부러 찾아오는 사람도 있다. 7세기부터 시작된 유구한 역사를 간직하고 있는 람빵은 젖줄인 왕 강 Mae Nam Wang을 중심으로 도시가 형성되어 있다. 19세기에는

탁신왕이 태어난 람빵시내

티크목 산지로 원목 산업이 발달하기도 했는데, 그로 인해 목조로 이루어진 옛스러운 상점과 가옥이 많다.

볼만한 곳

• 와트 프라탓 람빵 루앙 Wat Phra That Lampang Luang

람빵에서 18km 떨어진 꺼카 Kokha에 있는 사원으로 1476년에 건설되었다. 요새처럼 완고한 성벽 안에 여러 채의 불당과 체디가 세워져 있다. 나가 Naga 조각이 새겨져 있는 계단을 따라 걸어 들어가면 가장 먼저 위한 루앙 Vihan Luang을 만날 수 있다.

황금 불상인 짜오 란통 Chao Lan Thong이 모셔진 불당으로 특히 3단으로 차분히 내려앉은 지붕이 인상적이다. 부처의 생애를 묘사한 짜따까 Jataka 벽화도 보존 상태가 양호한 편이다.

왓 프라탓 람빵 루앙

와트 프라탓 람빵 루앙을 대표하는 볼거리인 체디는 위한 루앙 뒤쪽에 있다. 45m 높이로 전형적인 란나 양식이다. 탑 상층부에는 파란색, 녹색, 자주색의 금속이 장식되어 있는데 빛이 닿으면 반짝거린다. 체디 주변은 탑을 돌며 소원을 비는 현지인들로 늘 붐빈다.

체디 왼쪽 뒤로는 호 프라 풋타밧 Haw Phra Phutthabhat이라는 흰색의 작은 건물이 있는데 이곳은 여성은 출입이 금지된 곳이다. 얼핏 보기에는 컴컴한 작은 방에 불과하지만 막상 들어가서 문을 닫으면 벽면에 와트 프라탓 람빵 루앙의 전경이 마치 사진처럼 나타나 보는 이를 놀라게 한다. 사원 남쪽으로 난 작은 문 밖에는 커다란 보리수와 프라 깨우 Phra Kaew를 모신 불당이 있다.

• 와트 프라 깨우 돈따오 Wat Phra Kaew Don Tao

왓 프라 깨우 돈따오 미얀마 사원과 비슷

왕 강 북쪽의 탐본 위앙느아 Thambon Wiang Neua에 있는 사원으로 와트 람빵 시내에서 가장 큰 볼거리다. 왓 프라탓 람빵 루앙에 모셔져 있는 프라 깨우가 원래 안치되어 있던 곳으로 현재는 금으로 빛나는 하얀 체디와 함께 버마 양식으로 만들어진 몬돕 Mondop이 시선을 끈다.

특히 몬돕은 스테인드글라스로 장식되어 있는 등 전형적인 미얀마 양식을 띤다. 불상 또한 버마의 만달레이 Mandalay 양식이다. 작은 박물관을 함께 운영한다.

• 람빵 코끼리 보호센터 The Elephant Conservation Center

벌목이 금지되면서 일자리(?)를 잃은 코끼리를 보호하기 위해 1992년에 설립한 곳. 체력단련장은 물론 병원까지 갖추고 있다. 치앙마이로 가는 에어컨 버스를 타고 가다가 람빵 코끼리 보호센터 입구에서 내려 걸어가야 하는데, 입구에서 공연장까지 2.5km나 된다.

4. 매홍쏜 Mae Hong Son

치앙마이에서 북서쪽으로 368km떨어진 매홍쏜 주의 주도. 태국 북서부 지방 끝자락에 있어 미얀마와 국경을 접하고 있다. 여행자들이 매홍쏜을 찾는 가장 큰 이유는 고산족 마을 때문. 특히 소수민족에 해당하는 빠동족 마을을 보기 위해서이다. 그 밖에 카렌, 리수, 몽족 등의 다른 고산족들도 주변 산골짜기 한 자락씩을 차지하고 있다. 매홍쏜은 '안개의 도시 Muang Sam Mok'로도 불린다. 도시를 가로지르는 쫑캄 호수 Jong Kham와 산, 계곡 등이 안개에 휩싸이는 경우가 많기 때문이다. 사

메홍쏜에는 관광객이 많고 카렌, 리수, 라후, 무소족이 보인다.

원을 휘감아 도는 안개의 모습은 엽서에도 자주 등장할 만큼 명물인 볼거리이다. 인구 7,000명. 이곳은 태국에서 가장 추운 곳이다.

• 와트 프라탓 도이 꽁무 Wat Phra That Doi Kong Mu

매홍쏜이 한눈에 내려다보이는 해발 1,500m의 언덕 정상에 있는 사원. 산족이 건설한 2개의 흰색 체디가 인상적이다. 19세기에 만들어진 탑들로 미얀마의 샨 Shan지방 출신의 유명 스님의 사리를 보관하고 있다. 체디 뒤에 있는 불당에는 하얀 대리석으로 만들어진 불상이 모셔져있다고 한다. 체디 앞쪽의 전망대에서는 매홍쏜의 주변을 둘러싼 산이 한눈에 보인다. 특히 계곡사이로 안개 자욱한 모습을 보려면 아침 일찍 가야 한다. 체력이 남아있다면 사원 뒤쪽으로 난 길을 따라 정상까지 올라보자. 서쪽으로 미얀마 국경까지 내려다보인다.

와트 프라탓 도이 꽁무

• 와트 총캄 & 와트 총클랑 Wat Chong Kahm & Wat Chong Klang

시가지 중심에서 남동쪽 총캄 연못가에 나란히 서 있는 사원으로 매홍쏜의 상징과도 같은 건물이다. 둘 다 여러 층으로 겹쳐진 지

붕을 얹은 목조건물로, 버마 양식의 영향을 받은 건물이다. 와트 총캄의 지붕 처마 밑에는 장식 조각이 달려 있어 바람이 불면 우리나라 절에서 볼 수 있는 풍경과 같이 청명하게 울린다. 한편, 와트 총클랑은 금빛으로 채색되어 휘황찬란한 모습으로 빛난다. 완벽하게 정비된 공원 연못가에서 이 두 사원을 바라보고 있으면 저절로 몸과 마음이 맑게 정화되는 듯 한 느낌이 든다.

메홍쏜의 상징 쫑캄 호수와 사원들

• **매홍쏜 시장** Mae Hong Son Market

고산족들이 아침 일찍부터 내려와서 손수 만든 공예품을 판매한다. 옆에 끄룽타이 은행이 있어서 언제나 붐빈다. 과일, 건어물, 채소 등 싸고 맛있는 식료품을 저렴한 가격에 구입할 수 있다.

시장은 항상 많은 사람들로 붐빈다.

• **파동 족 부락** Padong Village

메홍쏜과 파이의 주변은 치앙라이 주변과 더불어 타이에서도 산

긴목의 '파동 족'

악민족의 마을이 가장 많은 곳으로 유명하다. 따라서 메홍쏜에는 산악민족을 연구하는 인류학자나 저널리스트가 많이 찾아오곤 한다. 이 산악민족 중에서도 메홍쏜 주변에 2개 부락밖에 없는 것이 파동 족 Padong이다. 그들은 원래 카렌 족의 한 부족으로 2~5년에 한 차례씩 부락 전체가 이동하며, 화전농업을 영위하면서 살아가고 있다. 흔히 파동 족 여성은 모두 목에 금목걸이를 두르고 있다고 알려져 있지만, 이는 사실과 다르며 실제로 그렇게 하고 있는 여성은 수요일에 태어난 사람으로 국한되어 있다. 현재 타이에 있는 두 부락에서 금목걸이를 한 여성은 메홍쏜의 북쪽에 있는 부락에 22명, 남쪽에 있는 부락에 5명뿐으로 그 수가 많지 않다.

5. 치앙라이 Chiang Rai

치앙마이에서 북쪽에 자리 잡은 치앙라이는 타이 최북단의 현청 소재지로 치앙마이를 축소한 것 같은 느낌이 드는 도시이다. 그 이유는 멩라이 왕이 세운 타이 최초의 왕조인 라나 왕조의 도읍이 치앙마이로 옮기기 전에 치앙라이에 있었기 때문이다. 그러나 지금은 급속한 관광화 물결에 휩쓸려 공항이나 고속도로는 확장공사 중이

치앙라이의 매력적인 문화공원

치앙라이 동상

고, 시내에는 고급 호텔이 건설되고 있다. 이는 방콕 및 해외의 많은 투자가 치앙마이에서 치앙라이로 옮겨왔기 때문이라고 한다. 치앙라이 시에는 골든 트라이앵글(주요 마약 재배지역)이나 도이메살롱과 같은 미개발 관광지가 아직 많다. 앞으로도 이 지역의 개방사업을 추진하는 사람들의 정력적인 활동은 그치지 않을 것이다. 치앙라이는 치앙마이만큼 덥지 않아 지내기가 좋지만, 1월에는 기온이 12~13℃까지 내려간다. 상주 인구는 4만 명 정도로 라오스, 미얀마 국경과 인접한 산악지형과 도시 주변을 흐르는 강 풍경은 잔잔한 아름다움으로 여행자들을 반긴다. 하지만 치앙라이를 기억하게 하는 가장 큰 요인은 골든 트라이앵글로 향하는 관문 도시라는 것. 라오스를 넘어가기 위한 경유코스로 각광받고 있다. 태국에서는 가장 많은 소수민족이 이곳에 살고 있기 때문에 그들을 쉽게 만나 볼 수 있다. 2018년 7월 축구선수 13명이 홍수로 동굴에 고립되어 세계의 이목을 집중시킨 곳이 치앙라이 네이비실 동굴이다.

볼만한 곳

• 치앙라이 고산족 박물관 Hill Tribes Museum & Education Center

치앙라이 고산족 박물관

태국의 고산족에 대한 자료가 보관되어 있는 박물관. 시멘트를 사용해 만든 현대적인 건물이지만 입구를 지붕 모양과 깔래 Kalae로 장식해놓아 북부적인 요소를 가미했다. 박물관에는 몽, 카렌, 리수, 야오, 아카, 리후족 등의 의상 및 생활도구가 전시되어 있고 슬라이드도 상영한다. 치앙마이의 고산족 박물관에 비하면 작은 편이지만 간결하고 이해하기 쉽게 전시해놓았다. 고산족이 만든 수공예품과 치앙라이 주변의 트레킹 투어상품도 함께 판매한다. 특이하게도 에이즈 방지 및 가족계획에 관한 일을 하는 NGO 기관인 PDA(Population and Community Delvelopment Association)에서 운영한다.

와트 프라싱

• 와트 프라싱 Wat Phra Sing

시 북쪽의 오버브룩 병원을 사이에 두고 와트 프라케오의 맞은편, 메콕 강변에 있는 사원. 역시 같은 이름의 사원이 치앙마

이에도 있는데, 치앙마이의 사원에 있는 불상은 이곳에 있었던 것을 옮겨놓은 것이라고 한다. 1300년대 중반에 건립된 사원으로 전형적인 란나 양식을 띤다. 사원 이름에는 '신성한 사자의 사원'이란 뜻이 담겨 있다.

• 황금 삼각지 Golden Triangle

황금 삼각지는 1950년 무렵 세계 최대의 아편 생산지였다. 그러나 현재는 태국 정부의 강경한 정책으로 아편 꽃이 피어있던 자리는 농경지 또는 티크나무가 빼곡히 들어선 삼림으로 변했고 아편 꽃을 키우던 사람들과 어른이 된 그들의 자녀들 일부는 도시로 이주하거나 그곳에서 농사를 짓고 있다. 350,000㎢나 되는 면적을 차지하는 이 황금 삼각지 중심부는 미얀마, 라오스 사이로 흐르는 메콩(Mekong)강과 미얀마와 태국 사이로 흐르는 루악(Ruak)강이 합류하는 장소이다. 히말라야의 눈 녹은 물이 티벳 고원을 지나 강물이 되어 흘러내려와 시작된 메콩 강은 중국, 버마, 태국, 라오스, 월남 그리고 캄보디아 6개국을 거치며 흐르는 사이에 아시아에서 제일 긴 강이 되었다.

매싸롱의 새로운 작물을 심을 수 있는 고산지대이다.

6. 매싸롱 Mae Salong

태국북부, 미얀마와 인접한 곳에 있는 매싸롱은 태국의 다른 도시들과는 상당히 다른 느낌을 준다. 해발 1,300m에 자리해 있어 기온이 선선한 것도 그렇지만 무엇보다 중국적인 색채가 강하게 느껴지기 때문이다. 중국을 21년간 지배한 장계석이 이끌던 중국 국민당 Kuomin-tang(K.M.T)은 1949년, 공산화 바람을 타고 본토를 떠나 대만에 정착했다.

매싸롱은 당시 태국에 주둔하며 명령만 기다리던 일부 국민당 군인들이 1960년에 태국 정부에 의해 정착이 허용되면서 머물게 된 곳. 당시부터 무려 2세대가 흘렀지만 주민들은 중국어를 유창하게 구사하고 거리에는 중국어 간판도 흔하다. 태국이란 지명만 떼고 본다면 중국 남부의 어느 작은 산악 마을과 비슷한 느낌이 들 정도이다.

볼만한 곳

- **프라 브롬 탓 체디 Phra Borom That Chedi**

황금빛으로 빛나는 대형 체디뿐 아니라 매싸롱을 비롯한 주변 일대가 시원스레 펼쳐지는 전경이 볼만하다. 새벽시장 뒷길을 따라 걸어 올라가도 되지만 오토바이나 썽태우를 타면 편하다.

마을에서는 오전 5~7시에 새벽시장 Morning Market이 열린다. 아카, 리수, 미엔족 같은 고산족이 내려와 물건을 사고 파는 모습을 볼 수 있다. 색다른 경험을 하고 싶다면 말타기 트레킹 Horse Trekking도 도전해볼만 하다.

7. 메사이 Mae Sai

타이 최북단 도시인 메사이는 미얀마에 개방된 유일한 국경 마을이다. 메사이 강에 놓인 메사이 교에는 거의 지워진 국경선이 그어져 있다. 검문소 문에는 유니온 오브 미얀마 Union of Myanmar라고 쓰여 있으나, 타이와 미얀마의 국민 외에 외국인은 이 문을 통해 미얀마 국내로 들어갈 수가 없다. 이곳은 외국인에게는 다소 긴장감을 느끼게 하는 곳이지만, 타이와 미얀마의 국민에게는 작은 강에 놓인 작은 다리

메사이에서 가장 아름다운 사찰

메사이 시내

에 지나지 않는다.

커다란 짐을 짊어지거나, 자전거나 바이크의 짐칸에 물건을 싣고 자유로이 왕래하는 모습을 볼 수 있다. 외국인 관광객은 국경을 자유로이 왕래할 수 없지만 다리 위의 검문소까지는 갈 수 있으며 사진도 찍을 수 있다. 1,2월 밤에는 기온이 10℃까지 떨어지는 경우가 있으니, 그 시기에 찾아가는 사람은 겉옷을 지참하는 것이 좋다.

<메사이 근교 Around Mae Sai>

• 탐루앙 동굴 Tham Luang Cave

메사이에서 남쪽으로 약 6km지점에 있는, 길이가 3km나 되는 긴 동굴이다. 안으로 들어갈 때에는 주의해서 들어가야 한다. 잘 미끄러지지 않는 구두, 방한용 짧은 외투, 등불(입구 근처에서 가스등을 15B에 빌려줌) 등이 필요하다.

입구에서 처음 1km는 별로 힘들지 않게 갈 수 있는 길이지만, 그 이후는 길이 험해서 더 안으로 들어가려면 반드시 입구 근처에 있는 안내인과 함께 가야 한다.

• **메싸이 국경시장**

이곳에는 미얀마는 물론, 중국에서 흘러들어온 물건까지 있어 일반적인 태국의 시장과는 사뭇 다른 풍경이다. 토산품, 불법 복제 CD, VCD, 중국산 약초, 과자, 섬유, 모조 전자제품 등이 주된 품목. 특히 담배는 상표를 무단 도용한 모조품일 가능성이 아주 높다. 시장에서 장사하는 사람들은 대부분 미얀마 사람들로, 얼굴에 금칠이나 회칠을 하고 있다.

8. 치앙센 Chiang Saen

치앙센은 치앙마이에서 북동쪽으로 약 60km떨어진 지점에 있다. 메콩 강을 사이에 두고 라오스와 접한 국경 마을이다. 1291년 타이 최초의 왕조 치앙센 왕국이 창건되어 150여 년 동안 번영을 누렸으나, 메콩 강이 홍수로 크게 범람한 후에 도읍을 치앙라이로 옮겼다. 라오스가 사회주의 국가로 바뀌기 전에는 교역이 크게 성했으나, 현재는 전혀 이루어지지 않고 있어 시내는 아주 한적하다. 시내는 치앙센 왕조 시대의 자취를 그대로 간직하고 있고, 메콩 강에 접한 동쪽 이외의 곳은 나무와 풀이 무성한

치앙센의 마약교육 봉사자

성벽으로 둘러싸여 있다. 주위는 메콩 강변의 기름진 땅으로 벼농사나 사탕수수 재배가 이루어지고 있다. 장마철에는 종종 메콩 강이 범람하기도 하여, 농업이 결코 수월하지 않다고 한다.

볼만한 곳

• 치앙센 박물관 Chiang Saen Museum

시가지 서쪽 입구인 성문(실제로는 문이 없음) 가까이에 있는 작은 박물관. 치앙센 왕조와 관련이 있는 미술, 공예품 외에 선사시대의 석기나 파리어(타이어의 원어)로 새긴 비석 등도 있다.

치앙센 박물관

• 와트 파삭 Wat Pa Sak

성문에서 서쪽으로 약 200m지점에 있는 사원.

파삭이란 티크 림(林)을 뜻하며, 경내에는 100여 그루의 티크 나무가 탑과 폐허가 된 본당을 에워싸듯이 무성하게 자라고 있다. 수목원에 온 기분이다.

와트 파삭

• 와트 체디 루앙 Wat Chedi Luang

치앙센 박물관 근처에 있는 사원. 치앙센 왕조를 창시한 센푸 왕이 최초로 세운 절로, 치앙센에 있는 사원 중에서는 가장 오래된 것이다. 본당 기둥에는 메콩 강의 범람 흔적이 뚜렷이 남아 있다. 또 이곳에서는 8세기에 쓰였다고 하는 가장 오래된 타이문자 목판이 보존되어 있다.

• 와트 프라타트 촘키티 Wat Phra That Chom Kitti

시가지 북서쪽 약 3km의 약간 높은 언덕 위에 있는 사원. 북부 타이의 소도시는 어디든지 이와 같이 가까운 산위에 사원이 있어, 시내나 주위를 한눈에 바라볼 수 있다. 이곳에서도 메콩 강이나 라오스의 지형이 선명하게 보인다.

9. 난 Nan

난의 유구한 역사를 간직한 사원과 주변 산악 지형의 아름다움은 북부 도시 어떤 곳과 견주어도 손색이 없다. 난은 산에 둘러싸인 조용한 도시로 라오스와 국경을 접하고 있다.

지형적으로 도이 푸카 Doi Phukha, 도이 로 Doi Lo, 도이 케 Doi Khe 같은 2,000m가 넘는 산들이 가득해 험하면서도 전원의 아름다움을 고이 간직하고 있다. 더불어 아름다운 사원 벽화도 볼 수 있어 조만간 유네스코 문화유산으로 지정될 거라는 소문이 점점 더 퍼지고 있다. 아직까지는 여행자의 발길이 적어 친절한 현지인들을 만나게 되는 것도 난의 매력 중 하나다.

볼만한 곳

• 와트 프라 탓 창캄 Wat Phra That Chang Kham

500년 이상 된 왕실 사원으로 와트 푸민과 함께 난을 대표하는 볼거리로 꼽히며, 와트 루앙 Wat Luang으로도 불린다. 수코타이 양식의 위한과 체디가 볼거리. 사원에는 2개의 위한이 나란히 들어서 있다. 중앙에 있는 불당은 높다란 기둥이 인상적이다. 불상 또한 수코타이 양식을 띠고 있다. 왼쪽에 있는 불당은 지붕이 2겹으로 되어 있다.

와트 프라 탓 창캄

• 국립 박물관 National Museum

난의 통치자였던 프라 짜오 쑤리야뽕빠리뎃 Phra Chao Suriyapongpalidet이 살았던 오래된 목조 건물을 박물관으로 개조해 사용하고 있다. 지방에 있는 박물관치고는 전시물의 양이 제법 많고 친절한 안내를 받을 수 있어 방문할 가치가 충분하다. 1층에

는 난에 거주하는 소수민족인 마브리 Mabri, 몽 Hmong, 타이르 Thai Leu, 띤 Htin, 카무 Khamu, 미엔 Mien족의 생활상이 전시되어 있다. 2층으로 올라가면 불상을 비롯해 난 주변에서 발굴된 유물들과 초기 사원의 모습이 담긴 사진도 볼 수 있다. 2층 왼쪽 전시실에는 길이 94cm, 둘레 47cm에 무게가 무려 18kg에 달하는 검정 상아 Black Ivory가 있다. 난을 상징하는 신성한 물건으로, 받침 부분에 가루다가 조각되어 있다.

목조 건물 박물관

• 와트 푸민 Wat Phumin

왕실 사원으로 1596년 짜오 쩻따붓 프롬민 Chao Chettabut Phrom Min왕 때 건설되었다.

와트 푸민의 가장 큰 볼거리는 중앙에 있는 위한 Vihan. 특이하게도 십자형으로 지어져 있다.

벽에는 온통 벽화가 그려져 있는데, 주제는 부처의 생애와 난 사람들의 복장, 생활상 등이다. 벽화는 주로 노랑, 파랑, 빨강 등 단순하고 밝은 색을 사용했다.

난강 주변에 있는 사원

10. 농 카이 Nong Khai

메콩 강을 가로지르는 우정의 다리 Thailand-Laos Friendship Bridge가 태국과 라오스를 이어주는 국경도시, 농카이. 태국과 라오스를 넘나들 때 가장 많이 이용되는 출입국 포인트로 각광받고 있다. 하지만 도시 자체의 볼거리는 거의 없다. 그저 유유히 흐르는 메콩 강과 강줄기를 따라 이어진 국경시장 정도가 꼽힐 뿐이다. 많은 여행자들에게 농 카이는 방콕에서 밤기차로 이동해 국경을 넘기 전에 잠시 둘러보는 도시 정도로 인식될 뿐이다. 하지만 본격적인 라오스 여행을 시작하기 전에 몸과 마음을 쉬며 하루쯤 묵어가는 것도 좋다.

메콩 강을 가로지르는 우정의 다리

• 와트 포차이 Wat Pho Chai

농 카이 시내에서 볼만한 사원. 십자형의 불당과 그 안에 안치된 황금 불상인 루앙 퍼프라 싸이 Luang Phor Phra Sai로 유명하다. 라마 1세가 라오스에서 불상을 가져오던 도중 배가

와트 포차이

전복되어 강에 빠뜨리고 말았는데 10여 년 후에 신기하게도 불상이 수면 위로 떠올랐다. 그 불상을 보관하기 위해 건설된 사원이 바로 와트 포차이 이다.

• 타 싸뎃 시장 Tha Sadet Market

메콩 강변의 타논 림콩 Thanon Rimkhong에 있는 타 싸뎃 Tha Sadet 주변의 좁은 골목을 가득 메운 국경 시장. 중국과 인도에서 가져온 물건들이 거래된다. 주로 판매되는 물품은 생필품과 토산품, 기념품 등.

메콩 강변의 타논 림콩

제3장
태국 남부

1. 푸켓 Phuket

방콕에서 남쪽으로 922km, 안다만 해에 떠 있는 푸켓 섬. 우리나라의 거제도, 안면도, 울릉도를 합친 넓이(550㎢)의 태국에서 가장 큰 아열대섬으로, 약 15만 인구가 거주하고 있다. 원래 푸켓 섬은 고무 재배, 주석 채굴, 어업 등으로 외국과 교역함으로써 번영한 섬이었는데, 근년에는 관광 개발이 급속히 진척되어, 현재 동남아시아 굴지의 리조트지로서 연간 100만 명 가까운 관광객이 국내외에서 찾아든다. '남해의 진주 Pearl of the South'라고 불릴 만큼 아

Phuket 시내

름다운 푸켓은 다이빙을 비롯한 해양스포츠가 발달한 곳이기도 하다. 해변에는 고급 리조트 호텔이 여럿 들어서 있는데, 파통 비치를 제외하면 아직도 순수함이 남아 있는 자연 경관이 많아 느긋한 시간을 보낼 수 있다.

볼만한 곳

- **푸켓 타운(Phuket Town)**

푸켓의 중심지로, 인구 약 13만의 섬 최대 도시. 중국 · 네덜란드풍 건물이 남아 있는 1850년에 건설된 주도. 주석 광산이 이 섬에서 발견되면서 중국

Phuket 타운내 포르투게스 맨숀의 하나

Phuket에서 가장 큰 불상

인 광부들과 네덜란드 상인이 이곳에 정착, 중국풍과 네덜란드풍의 건물을 건설해 타일랜드에서는 드물게 식민도시 냄새가 풍긴다.

시내에는 포르투갈의 콜로니얼 양식 건축물과 중국의 영향을 받은 건물이 많아 이국적인 분위기가 감돈다. 그리고 관공서, 은행 등을 비롯하여 수많은 호텔, 영화관, 쇼핑센터 등이 있다.

• **라농 시장(Talat Ranong)**

푸켓 타운에서 가장 큰 농산물 재래시장. 새벽에는 도매 시장, 낮에는 소매 시장으로 바뀐다. 시장 주변에는 노점상과 저렴한 식당이 많아 출출한 배를 채우기도 좋다.

• **카오 랑(Khao Rang)**

푸켓 타운의 북서부에 자리한 산 위에 조성된 공원. 푸켓의 전경을 한눈에 조망할 수 있어 상당히 인기가 높다.

특히 야경이 무척 아름답기로 소문나 있다. 카오 랑 정상에는 몇 개의 레스토랑도 있어 전원 속에서 휴식을 취하며 우아하게 한끼 식사를 즐기기에 적당하다.

• 나이양 국립공원(Nai Yang National Park)

해수욕과 스노클링을 즐길 수 있는 9km의 비치. 섬내에서 가장 긴 북쪽 마이 카오 비치 Mai Kao Beach와 나이양 비치 Nai Yang Beach사이의 9km 이르는 비치해안이 국립공원이다. 이곳은 파도가 잔잔하고 물이 맑아 해수욕과 스노클링장으로 가장 알맞다. 비치 배후에는 밀림이 감싸고 있다.

• 파통 비치(Patong Beach)

푸켓 섬에서 가장 먼저 리조트 개발이 시작된 곳으로 푸켓 타운에서 서쪽으로 20km쯤 달리면 나타난다.

파통 비치

해변을 관통하고 있는 타위웡 Thawee Wong 거리에는 고급 호텔과 레스토랑, 바, 여행대리점, 각종 상점들이 늘어서 있다.

밤에는 포장마차 상인들로 가득 찬다. 파통 만 깊숙한 곳에 자리 잡은 이 비치는 길이가 3km나 되고 모래가 깨끗해 인기가 좋은 곳이다. 바다에는 항상 멋진 요트 수십대가 떠 있다.

꼬 피피 주변 비치

2. 꼬 피피(피피섬) Ko Phi Phi

꼬 피피는 꼬 피피 돈 Ko Phi Phi Don과 꼬 피피 레 Ko Phi Phi Leh라는 2개의 섬을 통칭하는 말. 태국 남부의 작은 섬에 불과하지만 사계절 내내 인파로 들끓을 만큼 여행자들에게 인기가 높다. 수려한 경관과 맑은 바다 덕에 원래도 찾는 사람이 많았지만, 영화 〈더 비치 The Beach〉가 상영된 뒤에 전 세계적으로 주목받는 곳이 되었다. 하지만 정작 영화의 배경이 된 꼬 피피레는 사람이 살지 않는 무인도이다. 꼬 피피는 선착장이 자리한 바다가 아오 똔싸이, 그 반대편 바다가 아오 로달람이다. 일일투어를 이용해 잠시 피피에 다녀간다면 이 두 해변만 보

피피섬, 제임스본드섬이라고도 한다.

게 될 확률이 높다. 물가는 육지에 비해 비싼 편이다. 며칠 머물 예정이라면 섬에서 쓸 소모품은 육지에서 미리 사 가는 게 좋다. 크라비에서 서쪽으로 42km, 푸켓에서 동쪽으로 48km 지점에 떠 있는 피피섬은 전세계 다이버들에게 잘 알려져 있다. 산호초에 둘러싸인 남부 타이 최후의 비도(秘島)라고 해도 좋은 아름다운 섬이다.

크라비에서 바라본 꼬 피피 해변

3. 하트야이 Hat Yai

하트야이는 인구 13만 명의 남부 타이의 상업도시이다. 시내를 걸어가면 근대적인 빌딩이 숲을 이루듯 서 있는 광경에 우선 놀라게 된다. 항공로 철도 도로의 요충지이며, 말레이시아로 가는 현관에 해당하기 때문에, 실질적인 타이의 제 2의 도시로 급성장하고 있다. 여러 백화점을 비롯하여 노점상이 즐비한 시장에는 저렴한 상품이 풍부하게 나와 있다. 타이 사람이나 국경을 넘어 찾아오는 말레이시아 사람들은 쇼핑이나 밤놀이를 즐긴다. 또 방콕의 차이나타운에서 흔히 볼 수 있는, 타이 어(語)와 한자를 병기한 간판도 많이 눈에 띄어 중국계 사람들의 파워를 실감할 수 있다. 푸켓, 사무이 섬 등 '바다와 섬' 관광이 중심인 남부 타이이지만, 환락의 도시 파타야이도 꼭 찾아가 볼 만한 곳이다. '쇼핑'과 '식사' 양쪽을 싸게 즐길 수 있다.

4. 크라비(끄라비) Krabi

파타야 비치와 푸켓의 완전히 관광지화 되고, 마지막 비도(秘島)라는 사무이 섬에도 공항이 생겨 남쪽의 섬이 지닌 소박함이 사라져 가고 있는 가운데, 여행자들 사이에 화제가 되고 있는 곳이 바로 크라비이다. 방콕에서 약 950km, 푸켓에서 약 180km 지점의 바다에 면한, 인구 16,000명의 작은 항구도시이다. 이곳은 피피 섬의 현관에 해당할 뿐 아니라, 타이에서 알려지지 않은 해변으로 주목받고 있는 아오낭 비치나 프라낭 비치로 가는 기지가 되는 곳이다. 시가지 자체에는 특별한 관광지는 없지만, 적게나마 관광객이 찾아오는 조용한 리조트지이다. 피피 섬으로 갈 때 들러보면 좋을 것이다. 울뚝불뚝 솟아 있는 석회암 절벽에 눈부신 옥색 바다, 여기에 고즈넉한 백사장까지 더해진 아름다운 풍경이 기다리고 있다. 예전에는

크라비 주변의 강변

꼬 피피로 가기 위한 교통 요지로만 인식되었지만, 이젠 많은 여행자들이 끄라비 자체만을 보기 위해 찾아온다. 시끄럽지 않고 소박한 모습에 물가마저 저렴하기 때문이다. 시내 외곽을 장식한 멋진 기암괴석, 안다만해와 연결된 끄라비 강 하구의 담수와 해수가 만나는 지점의 맹그로브 숲 Mangrove Forest 등도 볼만하다. 고고학적인 가치도 높아 석회암 동굴에서 BC 2500년 전의 유물로 추정되는 인간의 두개골, 구슬, 토기 등이 발굴되었다. 동굴 벽면에서는 벽화도 발견되어 당대의 생활상을 엿볼 수 있는 귀한 자료로 활용된다.

크라비 불상

5. 뜨랑 Trang

방콕에서 828km남쪽, 태국 남서부 해안에 자리 잡고 있으며 위로는 끄라비 Krabi, 아래로는 싸뚠 Satun이 있다. 전임 수상인 추안 릭파이의 고향으로 자부심이 강한 도시지만, 뜨랑 자체는 볼거리가

뜨랑강 부두

별로 없다. 시계탑을 중심으로 깨끗하게 정돈된 거리들과 역 주변의 시장에서 일상적인 삶의 모습을 대할 수 있을 뿐이다. 볼만한 곳을 찾는다면 보트를 타고 주변 섬으로 가자.

6. 춤폰 Chumphon

쑤랏타니와 함께 태국 만 Gulf of Thailand에 있는 섬들로 가기 위한 교통도시 역할을 맡고 있다. 특히 꼬 따오 Kp Tao로 가는 보트를 타기 위해 여행자들이 빈번하게 드나든다. 남부 특유의 열대기후가 느껴지는 춤폰은 방콕에서 500km떨어져 있다. 도시의 규모는 크지 않아 조용한 편. 중심가에서 바다를 향해 10km정도 가면 무려 4km에 달하는 기다란 해변을 자랑하는 핫 퉁 우와 랜 Hat Thung Wua Laen과 꼬무 춤폰 해양국립공원이 있다.

춤폰 해변

7. 수라트타니 Surat Thani

방콕에서 남쪽으로 677km, 인구 약 5만의 수라트타니는 하트야

수라트타니 해변

이 다음 가는 남부 타이의 주요 도시이며, 사무이 섬이나 푸켓으로 가는 교통의 요충지이기도 하다. 예전에는 반돈 Bandon이라 불렀고, 어업 중심의 항구도시로서 번영하였다. 지금은 고무 재배, 경공업, 임업, 조선업 등의 산업이 발전하고 있다. 다만 수라트타니에는 볼 만한 관광 명소가 별로 없으며, 유감스럽게도 단순히 거쳐 가는 곳에 지나지 않지만 태국 남부를 여행하다보면 꼭 한 번은 듣게 되는 이름이다.

여행사 버스로 카오산 로드를 출발한 여행자는 누구나 수라트타니에서 내려 남부 도시나 섬으로 가는 버스, 기차 혹은 보트로 갈아타야 한다.

태국 여행에서 여행자 버스가 차지하는 비중을 생각할 때 거의 대부분의 여행자가 수라트타니를 거친다고 봐도 무방할 정도. 특히 육로로 꼬 싸무이 Ko Samui로 가는 여행자라면 두말할 여지가 없다. 볼만한 곳은 교외에 원숭이를 훈련하는 원숭이 학교와 타피 강변에 있는 바닷가재 농장이 전부다. 원숭이 학교에서는 야자열매를 따도록 훈련시키는 장면을 참관할 수 있으며 바닷가재 농장에서는 바닷가재를 싸게 판매하기도 한다.

8. 꼬 싸무이 Ko Samui

방콕에서 남쪽으로 710km 떨어져 있는 꼬 싸무이는 동서로 21km, 남북으로 25km 면적에 달하는, 푸껫, 꼬창에 이어 태국에서 세 번째로 큰 섬이다. 섬의 중앙에는 635m 높이의 산이 자리잡고 있으며, 거기서 뻗어나간 30여 개의 크고 작은 산이 정글을 이룬다. 주변에 80여 개의 작은 섬들이 있다.

섬 둘레에는 고운 백사장과 에메랄드빛 바다를 지닌 멋진 해변이 곳곳에서 관광객을 유혹한다. 인구 약 4만의 꼬 싸무이는 싱가포르까지 국제선 항공기가 취항하는 꼬 싸무이 공항이 생긴 이후, 파타야와 푸껫의 영화를 쫓아 개발에 박차가 가해졌다.

꼬 싸무이의 가장 큰 매력은 방문객이 점점 늘어나는데도 여전히 때 묻지 않은 해변을 간직하고 있다는 것. 아직 개발이 덜 된 한적한 해변도 많아 볼거리와 함께 휴식처를 제공하고 있다. 세계 각지에서 많은 젊은이들이 찾아오자, 포장도로가 완성되고 전기도 설치되었다. 그리고 1988년에는 공항이 개항되어 방콕에서 편하게 올 수 있게 되었다. 이러한 급격한 변화에 따라, 본래 남국의 섬이 지니는 소박한 생활상은 상실되어 가고 있다.

꼬 싸무이 해변

현재는 지나친 개발

이 여정(旅情)을 잃게 한다는 뜻에서 규제가 가해지기에 이르렀다. 이 섬은 코코넛 숲으로 덮여있다.

9. 꼬 팡안 Ko Pha Ngan

꼬 팡안은 일명 '파티 아일랜드 Party Island'로 불리는 꼬 싸무이 북쪽의 작은 섬.

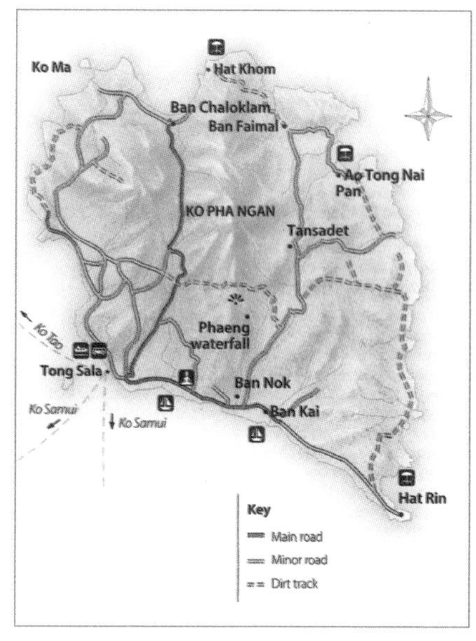

매달 음력 보름에 열리는 풀 문 파티 Full Moon Party로 유명하다. 태국을 방문하는 배낭 여행자들 중엔 방콕과 풀 문 파티만 염두에 둔 여행자도 있을 정도라 섬의 크기에 비해 지명도가 높을 수밖에 없다. 꼬 팡안의 내륙은 산과 정글로 뒤덮여 있어 개발의 손길이 거의 미치지 못하고 있다.

10. 송클라 Songkhla

태국 최대의 담수호 송클라 호와 타이 만 사이에 뻗은 반도에 자

송클라 인근의 수상가옥

리 잡은 도시이다. 하트야이의 외항으로서 번영한 항구도시이며, 동시에 남부 타이의 교육 중심지로서 대학이나 연구기관이 모인 교육도시이기도 하다.

촌스러운 듯해 보이는 항구와 드넓은 캠퍼스가 어우러져 송클라라는 도시의 성격을 잘 나타내고 있다. 과거에는 말레이 반도를 지배한 스리비자야 Srivijaya왕국의 위성도시였으며, 현재도 중국과 말레이시아 문화의 영향이 건물이나 사원 등에 남아 있다.

조용한 시내를 걸어가노라면 다양한 문화가 혼합된 타이 문화의 향기를 느낄 수 있을 것이다.

제3편

태국의 문화

제1장

태국의 전통 문화와 전통 의식

1. 일반 정보 및 문화

태국 문화의 기조는 인도, 미얀마, 크메르 문화가 융합된 것이며 불교문화는 스리랑카에서 도입되었다. 태국 종족은 11세기 경 중국 서남단에서 현재의 태국 땅으로 이주해왔다는 것이 정설이나, 말레이 반도에서 북상을 했다는 설과 선사시대 이후 주변종족들이 계속 이주해 들어와 구성되었다는 설도 있다.

태국은 불력(서기+543년)을 사용하고 있으며, 전체 인구의 95%를 차지하고 있는 불교가 사회 및 생활문화의 저변을 형성하고 있다.

태국의 각종 건축, 사원, 미술, 무용 등은 불교에서 크게 영향을 받아 형성되어 왔고, 불교의 자비심과 관용이 태국민들의 일상생활에 반영되어 있다. 태국은 입헌군주국으로 국왕은 직접 정치에 나서지는 않으나 대부분 국민들이 국왕에 대하여 절대적 지지와 존경을 보내고 있다. 이에 따라 국왕은 태국의 국가 통합의 구심적인 역할을 수행하고 있다. 태국은 주변국의 침략 속에서도 아시아에서 유일하게 독립을 지켜낸 나라라는 자부심이 매우 강하며, 국가와 자국민에 대한 강한 사랑과 애착이 큰 문화적 특징이 있다.

1차 세계대전을 겪으면서 태국은 대나무 외교로 오히려 더 나은 국제적 지위를 얻게 되었다. 영국과 프랑스의 알력 사이에서 줄다리기 외교를 펼치던 라마 5세가 승하하고 라마 6세가 등극했을 때

1차 세계대전이 발발하였다. 태국은 처음에는 중립국의 자세를 견지해나갔다.

당시 국왕은 영국에서 유학 한 바 있어 친 영국 성향을 가지고 있었던 것이 사실이나 태국 내에 친 독일 세력도 적지 않게 있었다. 그러나 중립적 위치에 있었던 태국은 1917년 봄에 미국이 참전 결정을 내리고 독일에 선전포고를 하면서 전세가 연합군 측에 유리하게 돌아가자 같은 해 7월에 돌연 독일에 선전포고를 하고 다음해인 1918년 4월에는 프랑스에 소규모 병력을 파견하였다.

그 결과 종전 후에 태국은 연합국의 일원으로 전승국 지위를 누리게 되었다. 철저하게 실리를 취하는 태국의 대나무 외교는 2차 세계대전 중에 한 번 더 진가를 발휘하게 된다. 2차 세계대전이 발발할 무렵 태국은 피분쏭크람 수상의 통치 하에 있었다.

피분쏭크람은 1939년 국호를 싸얌으로 바꾸고 영국과 프랑스에게 빼앗긴 영토를 회복하고 서구열강과 어깨를 나란히 하는 위대한 태국의 건설을 꾀하고 있었다. 처음에는 전쟁의 추이를 지켜보면서 태국정부는 영국과 프랑스, 일본과 상호불가침 조약을 맺었다. 일본은 1941년 캄보디아를 점령하고 그해 말에 태국에게 버마와 말레이 반도로 진출하기 위한 통로를 열어 줄 것을 통보하였다.

당시 일본의 승리를 낙관하고 있던 피분쏭크람 정부는 빼앗긴 옛 영토를 찾아주겠다는 일본의 약속을 받고 일본의 요구를 받아들였다. 태국 정부는 더 나아가 일본과 공수동맹을 맺고 1942년 1월 25일 미국과 영국에게 선전포고를 하기에 이른다.

한편, 태국 정부의 움직임과 반대로 당시 국왕의 섭정을 지내고 있던 쁘리디 파놈용은 피분쏭크람의 암묵 하에 국내 지하 항일운동을 지휘하였다. 또 주미대사로 있던 쎄니 쁘라못을 중심으로 해외에 있던 태국인들은 태국의 대미 선전포고가 일본의 강요에 의한 것임을 주장하며 미국에 있던 태국인들을 중심으로 자유타이운동을 전개하였다.

이러한 노력에 힘입어 종전 후에 태국은 패전국 취급을 받지 않았다. 뿐만 아니라 미국의 도움으로 나중에는 국제연합의 일원이 되기도 했다. 1942년 피분쏭크람이 남긴 "이 전쟁에서 패하는 자가 곧 우리의 적이다" 라는 말은 태국 정부의 유연한 외교 정책을 단적으로 보여주는 유명한 말로 두고두고 회자되었다.

2. 유연한 민족

바람이 불면 대나무는 바람을 이기지 못하고 눕는 듯이 보인다. 그러나 바람이 약해지면 누웠던 대나무는 다시 일어난다. 태국의 역사를 보노라면 휘어지지만 쉽게 부러지지 않는 대나무를 연상시킨다.

식민지 시대 열강의 틈바구니 속에서 유연한 외교적 방식을 통해 독립을 유지하고 1,2차 세계대전 중에도 탁월한 이중외교 전략으로 전승국의 지위를 누렸던 작고 힘없는 나라 태국은 휘어질지언정 부러진 적이 없는 그런 나라였다.

3. 어른, 아이의 존귀 문화

태국인들은 어려서부터 "푸야이" 즉, "윗사람" 또는 "어른"을 공경하고 따르며 은혜를 알고 자신의 분수를 지킬 줄 아는 사람이 되도록 교육받는다.

그러므로 가정에서는 부모를, 학교에서는 선생님을, 사회에서는 선배와 상사를 공경하고 따르도록 배운다. 아랫사람, 즉 "푸너이"는 윗사람을 만나면 두 손을 합장하여 코 높이까지 올려 공손하게 인사를 하고, 어른의 앞을 지날 때는 시선보다 몸을 낮추어 조심조심 지나간다.

국민 중 불교도의 비율이 95퍼센트가 넘는 태국에서 승려들은

사회에서 가장 상층에 위치하는 계층이다. 즉 왕족이나 귀족은 일반인들보다 상위 계층으로 받들어지는데, 왕족의 최상위인 국왕조차도 승려에게는 머리를 조아리고 절을 해야 한다.

자식과 부모 사이에서 가장 강하게 나타나는 존경의 규칙은 자녀들 사이에서도 매우 뚜렷하게 나타난다. 동생은 반드시 형에게 복종해야 하고 형은 동생의 행동에 책임이 있다.

태국인들은 어린아이의 응석을 잘 받아주는 것으로 유명하다. 하지만 언론에서 매년 사원의 경내에 버려지는 아이들이 수천 명이나 되고, 버려진 아이들은 승려가 되거나 길에 버려져 고아원에서 자란다는 사실을 폭로한 후, 그 명성(?)은 많이 더럽혀졌다.

신문은 자주 미성년 노동자의 거래가 번성하고 있다고 보도하며, 실제로도 생계를 꾸릴 수단이 없는 도시의 부모와 시골의 가난한 부모들은 쌀 몇 자루에 자신의 아이들을 1,2년 동안 빌려주는 식으로 중개상에게 팔고 있다.

이런 아이들은 도망가지 못하도록 경비가 문에서 지키고 있는 공장에서 장시간 노동을 하는 경우가 많다. 가끔 경찰의 불시 단속에서 구출되는 아이들도 있지만 대부분이 잔인하고 억압적인 환경에서 성장하고 나중에는 도둑, 뚜쟁이, 매춘부의 세계로 흘러들어가게 된다.

4. 국왕에 대한 존경

태국왕

거리나 학교 주변 또는 관공서뿐 아니라 일반 태국 시민들의 집집마다 국왕과 왕비의 사진이 걸려 있다. 태국인들은 그 앞을 지날 때 두 손을 모으고 공손히 인사를 하고 지나간다. 그 모습은 흡사 종교적 의식처럼 보인다.

왕실에 대한 믿음과 존경이 매우 커 외국인이라도 왕실을 모욕하는 말이나 행동은 엄금하고, 극장 등에서 국왕찬가가 연주될 때는 기립하여 예의를 표하는 것이 관행이며 외국인도 이에 동조해야 한다. 또한 호텔 등에 걸려 있는 국왕 및 왕비의 사진을 손가락질이나 훼손해서는 안 된다.

태국의 모든 지폐와 동전에는 왕의 사진이 새겨져 있다. 그렇다고 지폐를 접거나 하는 것이 금지된 것은 아니다. 지폐를 접어서 지갑에 넣어도 되고 지갑을 뒷주머니에 넣어 깔고 앉아도 상관없다.

5. 태국의 존두(尊頭) 사상

우리 문화에도 머리를 중시하고 발을 천시하는 이른바 “존두사

상"은 있지만 태국인들만큼 엄격하지는 않은 것 같다. 우리나라의 경우 친구들끼리 뒤통수를 때리거나, 선생님이 말썽꾸러기 아이에게 꿀밤을 주는 장면을 봐도 친근감의 표현으로 보이지 거부감이 들지는 않는다. 하지만 태국인들은 그런 모습에 기겁을 한다.

귀여운 아이를 보면 의례히 머리를 쓰다듬는 것이 우리에게는 자연스럽다. 그러나 태국인은 아이라 해도 머리를 쓰다듬지 않는다. 대신 배를 문지르거나 팔을 주무르는 식으로 애정을 표현한다. 머리를 만지는 것은 금기시되어 있다.

6. 허례 허식

잔치와 여흥을 좋아하는 태국인들은 예로부터 집안의 경조사가 있으면 동네 사람들을 모두 초청하는 자리를 만들어 축하하거나 위로하였다. 결혼식 같은 행사는 매우 중요한 행사로, 특히 딸을 출가시키는 경우 더할 나위 없이 성대하게 치르는 경향이 있다.

우리나라의 "함" 문화와 비슷하게 태국에서도 결혼식 전에 신랑 측이 신부와의 결혼을 허락 받는 의식의 하나로, 예식이 있기 전 "칸막 행렬" 의식을 치른다. 태국에서는 결혼을 할 때 신랑이 그 동안 신부를 키워주어서 고맙다는 의미로 신부 집에 양육 사례금을 지불하는 관습이 있는데, 이 사례금과 각종 예물 등을 전달하는 의식이 바로 이 칸막 행렬인 것이다.

양육 사례금은 신랑 측 어른과 신부 측 어른이 미리 사전에 협의를 통하여 정하는데, 그 금액을 결정하는 것은 살림 형편이 가장 큰 몫을 하지만 아무래도 신랑 측이 신부 측을 얼마나 존중하느냐의 척도를 나타내는 경향이 있어 원하는 만큼 받지 못하는 경우는 감정싸움으로 번질 수 있다.

딸을 시집 보내는 대가로 어느 집 부모가 얼마의 사례금을 받았다는 것은 마을의 큰 관심사가 아닐 수 없다. 적은 금액에 딸을 보내는 일은 부모로서는 상당히 체면이 깎이는 일이다. 최근에는 예식이 간소화되었다고는 하지만, 유명 인사들의 결혼 비용과 사례금은 여전히 세간의 관심사가 된다.

태국인의 허례허식은 결혼식뿐만 아니라 장례식에서도 드러난다. 그리고 화환의 수와 양 등도 중요한 척도가 된다. 이 모두가 태국인의 허례허식을 엿볼 수 있는 대표적인 사례라고 할 수 있다.

7. 다양한 음식 문화

태국음식을 설명하는 가장 적절한 키워드는 "다양성"일 것이다. 태국음식은 향신료를 많이 사용하여 다양한 향이 나고, 다양한 맛이 조화롭게 구성되어 있는 것을 음식의 완성도로 보기 때문에 주로 맵고 짜고 달고 신, 여러 가지 맛이 한데 어우러져 자극적이면서도 독특한 맛을 내도록 한다.

8. 환경과 언어 문화

언어는 문화를 반영한다. 에스키모어에는 눈에 관한 어휘가, 아랍에는 낙타에 관한 어휘가, 그리고 몽골어에는 말에 관한 어휘가 많이 발달되어 있다는 것은 익히 잘 알려진 사실이다. 태국어에는 우리 말 못지않게 음식관련 어휘가 많이 발달해 있다.

한 연구 결과에 따르면 태국어에서 음식을 만들 때 사용되는 조리동사는 26개에 달하며 "쌀"이 들어간 음식 이름이 17가지, "생선"이 들어간 음식 이름이 11가지, 그리고 "돼지고기"가 들어간 음식이 14가지가 있다. 태국의 음식 이름은 대개 두세 개의 자립형태소가 결합하여 만들어지는 합성어로 되어 있으며, 조리동사는 대개 단음절로 되어 있는 순수 태국어이다.

태국어의 음식 관련 어휘들은 그 음식을 만들 때 사용되는 음식 재료와 조리 방법 그리고 맛을 나타내는 경우가 많다. 예컨대, 태국인들이 즐겨먹는 "카우팟뿌"는 "카우(밥)+팟(볶다)+뿌(게)"로 이루어져 있는데 밥에다 게를 넣어 볶은 음식이라는 것을 알 수 있으며 "똠얌꿍"은 "똠(끓이다)+얌(무침)+꿍(새우)"으로 이루어져 있어 새우를 넣어 만든 새콤달콤매콤한 국이라는 것을 알 수 있다.

태국의 음식문화와 관련하여 어휘 차원에서뿐만 아니라 절의 형태로 된 관용어에서도 다양하게 나타난다. 사람은 배가 부르면 아무래도 삶에 여유가 생겨나고 마음도 너그러워진다.

반면에 먹을 것이 없어 굶주리다 보면 삶에 여유도 없고 마음 씀

씀이도 인색해지기 마련이다. 오늘날 태국인들이 밝은 미소와 너그러움을 갖고 살아가는 것은 바로 풍부한 먹을거리를 바탕으로 생겨난 삶의 여유에서 기인한 바가 적지 않다 하겠다.

9. 빨대로 마시는 음료수

색다른 음료 문화는 먹는 방법이다. 태국에서는 거의 모든 음료를 빨대로 마신다. 편의점에서 물을 한 병 사면 물병보다 긴 길이의 빨대를 봉지에 함께 넣어준다. 캔 음료를 사도 마찬가지이다. 심지어 식당에서 물이나 음료를 시키면 컵이 크든 작든 빨대가 꽂혀서 나오는 것이 보통이다.

처음에는 워낙 식사 예절을 중시하는 태국사람들이라 고개를 젖히고 먹는 것이 보기에 안 좋아서 그런가 보다 했다. 그런데 사실 더 중요한 이유는 위생적인 이유라는 것을 후에 알았다. 음료수병은 재활용이 되는 경우가 많기도 하고, 음료수가 유통되는 과정에서 병이나 캔 뚜껑에 이물질 등이 묻을 수 있어 빨대를 사용하는 것이다.

10. 승려와의 신체 접촉은 금물

불심이 깊은 나라인 만큼 사원을 방문할 때 짧은 옷을 삼간다거

나 불당으로 들어갈 때 신발을 벗는 정도의 기본적인 예의는 지켜야 한다. 또한 불상에 올라가거나 불상을 배경으로 사진을 찍는 행위도 삼가야 한다. 수행 중인 승려는 여자와의 신체 접촉이 있어서는 절대 안 된다. 특히 버스에서 승려의 신체나 옷이 닿는 것은 금물! 아예 멀찌감치 물러나 앉는 게 상책이다.

현지인의 경우, 승려와 버스에 타면 출입문 앞자리를 비워 주기도 한다. 거리에서 주황색의 승복을 입은 승려에게는 존경의 자세로 접근해야 하며, 카메라를 들이대는 것은 안 된다. 노상에서 승려와 마주칠 때는 길을 피해야 한다.

11. 왼손으로는 밥 먹지 않음

화장실에서 볼일을 보고 손을 닦던 버릇이 있어 왼손은 불결하다는 인식이 강하다. 음식을 먹을 때는 오른손을 사용하는 게 정석. 윗사람이 아랫사람에게 선물이나 상장을 줄 때도 왼손은 허리 뒤로 숨기고 오른손만 사용한다.

12. 체면 의식

태국인들은 남의 시선을 많이 의식한다. 특히 이는 자본주의 영향으로 인한 과소비 성향과 맞물려 지나친 사치 풍조를 낳았다. 또한 현세지향적인 성향의 불교적 사상 역시 이러한 소비 성향에 영향을 미치는 것으로 보인다. 우리나라와 비교해서 저축률이나 부동산 및 자가 주택에의 투자 비율이 현격히 떨어진다.

한국인들이 "돈 모아 내 집 마련"과 같은 말에 익숙해져 있다면 태국인들은 "응언빠이티아우(돈모아 놀러간다)" 같은 말에 더 익숙해져 있다. 일반적인 월급쟁이는 단칸방 월세에 살더라도 자기 차를 굴리는 경우가 많다.

또 이런 사치 풍조는 최근 젊은이들에게서 더 많이 보이는데 월급의 몇 배에 달하는 최신 스마트폰을 사고, 명품 가방을 들고, 밥값의 두 세배에 달하는 "스타벅스"의 커피를 마신다.

이러한 소비 풍조는 양질의 제품과 서비스를 소비하겠다는 의지에서라기보다는, 자신을 바라보는 남들의 시선에 "좋아 보이기 위함"인 경우가 대부분이다.

태국인은 허례허식만을 쫓다가 실속은 챙기지 못하는 체면치레의 부정적인 면이 있다.

13. 공공장소에서 크게 울거나 웃는 것은 무례한 행동

태국사람들은 장례식에서 울음소리가 들리면 망자가 산 사람들에 미련이 남고 걱정되어 좋은 곳으로 가지 못하고 구천을 떠돌게 된다고 믿는다.

태국사람들은 장례식장뿐 아니라 공공장소에서 큰 소리로 울거나 웃거나 떠드는 것을 대단히 무례한 행동으로 본다. 나아가 감정에 휩쓸려 울음이나 웃음으로 그 감정을 드러내는 것은 미덕이 아니라 부덕으로 생각한다.

14. 눈물의 문화적 차이

우리 민족이 울음과 눈물에 관대한 것은 잘 알려진 사실이다. 아니, 관대한 정도가 아니라 오히려 절대적으로 필요한 것으로 여겨 때와 장소에 적합한 울음이 미덕인 문화이다.

잘 울어야 효자이고 충신이며 열녀라고 했고, "울지 않는 자는 한국인이 아니다"라고 말할 정도였다. 예전에 사람이 죽으면 죽은 날부터 발인할 때까지 곡소리가 그치지 않아야 했다.

양반집에서는 초우제 삼우제에도 내리 울고, 제사에도 울었다. 울음소리가 작으면 전문적으로 곡을 하는 사람을 돈을 주고 사서 곡을 하기도 했다.

오늘날에는 장례에서 그 정도까지 곡을 하지는 않지만 우는 사람에게 자제해달라고 할 집은 없다.

어느 집에 "시어머니가 죽었는데 며느리가 눈물 한 방울 안 흘리더라"하며 공공연히 흉보는 일은 이상한 일도 아니다. 반면 태국에서는 감정표현을 겉으로 하는 것을 부덕으로 보는 문화이다.

15. 미소와 친절의 나라

태국인들은 친절하기로 유명하다. 곤경에 처해 있는 사람에게는 앞 다투어 발 벗고 나서 도움의 손길을 내미는 것은 물론이고, 금전적 보답을 바라지 않고 순수한 선심에서 타인에게 선행을 베푸는 사람도 많다. 즉 태국인들은 인정이 많다. 태국을 처음 여행하는 외국인들은 가끔은 바가지를 쓰거나 사기를 당하는 경우도 있다. 하지만 최소한 그보다는 더 빈번하게 생면부지의 태국인으로부터 받은 친절로 태국에 대해 좋은 인상을 받기도 한다. 또 태국인들은 모르는 사람이라도 눈이 마주치면 자연스레 미소를 보내기 때문에 전 세계적으로 태국은 "미소의 나라"로도 알려져 있다.

실제로 태국인들은 미소를 잘 짓는다. 이 나라에 며칠만 있다 보면 온통 즐거운 얼굴에 둘러싸이게 되어, 방문객들은 곧잘 '태국인들은 늘 행복하고 매사에 만족하는 사람들'이라는 성급한 결론을 내릴 때가 있다. 이는 진실에 가깝기는 하지만 완전한 사실 그 자체라고 할 수는 없다. 그렇다면, 꼭 행복하거나 만족스럽기 때문만이 아니라면, 그들은 왜 항상 미소를 짓는 걸까?

우리가 그들을 정말로 이해하고자 한다면 과연 태국인들이 무엇에 대해 미소를 짓는 것인지를 자문해볼 필요가 있다. 태국인의 미소는 그저 자연스러운 삶의 부분이면서 한편으로는 사회적 기능을 완수하기도 한다. 굳이 태국인이 짓는 미소의 의미를 분석해 보자면 크게 다섯 가지로 나눌 수 있다.

첫째, 미소가 보여주는 가장 보편적인 의미는 우선 즐거운 마음이다. 아마 미소와 웃음은 모든 인간들에게 즐거움을 나타내는 표현수단일 것이고, 이는 태국인에게도 마찬가지다. 그러나 태국인의 미소는 가끔 문화적인 차이로 인해 외국인 방문객에게 오해를 사기도 하는데, 이를 테면 누군가가 바나나 껍질을 밟고 미끄러지는 모습을 보고 미소를 짓느냐 아니냐의 차이이다. 보통 이런 경우에는 미소는커녕 놀라서 미끄러진 사람이 다치지 않았는지를 묻는 것이 먼저지만, 태국인이라면 이 상황에서 대부분 미소를 띤다.

둘째, 미소는 사과하는 마음을 나타내기도 한다. 의도하지 않은 실수를 저지른 사람이 상대방에게 사과하는 의미로 미소를 짓고 상대방도 다시 미소로 답하면 그것은 용서한다는 뜻이다.

셋째, 태국인들은 작은 친절을 베푼 사람에게 감사하는 의미로 미소를 지을 때가 더러 있다. 태국에서는 말로 고마움을 표하는 일이 다른 나라들에 비해 드물다. 이런 태국에서 살짝 고개를 끄떡이는 행동과 함께 미소를 지으면 '고맙다'는 뜻이고, 또 여기에 미소로 답하는 것은 '괜찮다'로 해석 된다.

넷째, 태국인의 미소는 다른 사람과의 충돌을 피하는 철학과도 연관이 있는데, 이는 태국인에게서 볼 수 있는 사회적 행동의 커다란 동기가 된다. 태국인은 거의 모든 상황에서 미소를 지음으로써 나중에 후회할지도 모르는 말이나 행동을 조심스레 피한다.

다섯째, 당황했을 때 지어보이는 미소를 들 수 있다. 당황스러운 상황에서의 미소 역시 타인과의 갈등을 피하는 역할을 하지만, 다른 점이 있다면 미소 짓는 사람이 잘못했다고 생각하고 있고 고쳐 보겠다는 의지가 있음을 나타낸다는 것이다.

16. 남자는 스님의 경험이 있어야

태국에 처음 가면 매우 인상적인 것 중의 하나가 곳곳에 널려 있는 불교사원과 승려들의 모습이다. 방콕은 물론 지방 어디를 가더라도 지척에 사원이 있고 아침이면 탁발하는 승려들의 모습을 흔히 볼 수 있다.

한낮에도 거리에서 승려를 만나는 일은 다반사이고 버스를 타더라도 우리나라의 노약자석이 있는 곳에 승려를 위한 좌석이 따로 마련되어 있다. 승려는 여성과의 접촉이 허용되지 않음으로 이를 배려해서 만들어 놓은 이유도 있다. 이를 보면 가히 불교 국가에 왔다는 것을 실감할 수 있다.

그런데 재미있는 것은 거리를 지나는 성인 남자 대부분이 전통적인 태국 사회에서는 모두가 한때 승려였다는 사실이다. 오늘날

태국인들의 95퍼센트가 불교 신자이며 태국 전역에 3만 5천여 개의 사원이 있다. 수백 년간 불교문화 속에서 살아온 태국인들에게 불교는 종교라기보다는 생활 그 자체로 보인다. 이러한 종교 문화적 배경 속에서 태국은 오래 전부터 남자들이 결혼하기 전에 석 달간 머리를 깎고 출가하여 수행하는 풍습이 생겨났다.

이 풍습은 출가수행을 통해 무엇이 옳고 그른지를 판단할 줄 아는 성인이 되어야 비로소 결혼하여 일가를 이룰 수 있다는 의식에서 생겨났다.

반면 여성의 경우 불교 교리에 따르면 원칙적으로 계율상 출가하여 승려가 될 수 없기 때문에, 수행을 하고자 하는 경우엔 머리를 깎고 흰 옷을 입고 수도자로서 수행을 한다.

17. 정죄와 극락

출가는 "정죄" 즉, 죄를 씻기 위한 목적으로 행해지기도 한다. 사회적으로 물의를 일으킨 연예인이나 유명인들은 속죄의 방법으로 출가를 하여 사태를 마무리하는 경우가 많다.

즉 사회적 비판의 대상이 되었던 인물이 이미지를 쇄신하기 위한 하나의 통로로 출가를 선택하는 경우가 드물지 않다. 태국인들의 믿음 속에는 아들이 출가하여 수도 생활을 하게 되면 그 공덕이 부모에게로 돌아가 극락에 갈 수 있다고 본다.

18. 출가의식은 마을의 축제

태국사회에서 출가의식과 환속의식은 집안의 큰 경사에 속한다. 아들이 출가한다는 것은 곧 부모님을 극락에 보내드린다는 의미를 지니게 되기 때문이다. 대개 그 부모는 동네 사람들을 불러 집에서 성대하게 잔치를 베푼다.

태국인들의 의식 속에는 출가의식에 참가하는 것도 공덕을 쌓는 것이라는 믿음이 있어서 누가 출가하든 간에 출가의식은 그 마을의 잔치나 축제처럼 치러진다.

제2장
태국의 다민족 다문화

1. 귀신이 많은 나라

태국의 착한 귀신에는 우선 주거 공간을 지켜주는 귀신이 있다. 태국인들은 집집마다 귀신이 있다고 믿는다. 문지방에는 문지방여신이 있어 사람들이 문지방을 밟게 되면 해악을 입게 된다.

태국남자들이 절에 들어가 수행하기 위해 치러지는 수계의식에서 예비 승려가 법당에 들어설 때 다른 사람들이 업거나 들어 올려서 문지방을 통과하는 것도 바로 이 때문이다.

태국인들의 전통가옥은 땅 위에 기둥을 박고 그 위에 집을 짓는 주상 가옥이다. 따라서 지면에서 주거공간으로 올라가는 계단이 있는데 이 계단에 귀신이 있어서 계단을 보호해준다.

중부지방 사람들은 집 베란다에 갈 때 계단을 밟게 되면 화를 당한다고 믿는다. 집안의 특정한 곳에 사는 것은 아니지만 태국 남부지방에는 외조부모 귀신이 있어 집안 사람들의 삶을 돌봐준다고 본다.

우리나라의 조상신과 같은 것으로 해마다 제사를 지내기도 한다. 태국에서 조상신을 외조부 귀신이라고 부르는 이유는 늙은 부모를 모시는 것이 한국에서는 장남의 의무로 여겼지만 태국에서는 장녀의 의무였기 때문이다.

음식문화에 있어서도 귀신은 다양하게 나타난다. 태국인들은 식사를 하다가 바닥에 떨어진 음식은 먹지 않는다. 바닥에 떨어진 음식은 귀신의 몫이라고 생각한다. 만약 바닥에 흘린 음식을 먹게 되면 그 동안 제대로 먹지 못했던 귀신들이 화가 나 산 사람을 괴롭히거나 해친다는 것이다.

이는 바닥에 떨어진 것을 먹게 되면 병균에 감염될 수 있으므로 위생교육 차원에서 생겨난 금기로 보인다.

또 태국인들은 저녁밥을 먹을 때 솥에 있는 밥을 다 먹지 않고 조금 남겨둔다.

만약 다 먹게 되면 그 집의 재물도 같이 없어져 가세가 기울어진다고 믿는다. 또한 저녁 밥을 남겨 두지 않으면 집안의 귀신이 먹을

것이 없어지기 때문에 그 귀신에 대한 배려로 조금은 남겨두어야 한다는 것이다.

2. 금기를 지키는 일상생활

의복 문화에서 나타나는 금기를 보면 태국인들은 집 앞에 빨래를 널지 않는다. 예로부터 집 앞에 빨래를 널게 되면 복이나 행운이 집으로 들어오지 못하고 오히려 나쁘고 사악한 것들이 집안으로 들어와 집안사람들의 삶을 해친다고 믿기 때문이다.

이런 금기가 생겨난 이유는 집 앞에 빨래를 널게 되면 밖을 볼 때 시야를 가리고 외부에서 손님이 올 때 불편하기 때문일 것이다. 또한 속옷과 같은 남들이 보기에 민망한 빨래도 있기 때문에 이를 금한 것으로 보인다.

스님상은 태국 문화에서 높이 받들어 모시는 성물인데 빨래 밑으로 통과되는 것은 곧 불경하다는 생각에서 금기시한 것일 것이다. 시신을 화장하는 장례식날 빨래를 해서는 안 된다.

태국인들은 옷에도 사람의 영혼이 머무르고 있다고 믿는데 그날 빨래를 해서 널어놓게 되면 죽은 사람의 영혼이 와서 옷 주인의 영혼을 데려간다고 한다.

이는 장례식 날 개인적인 가사일을 하는 것보다 장례식에 참석하여 유족을 위로하고 고인의 명복을 빌도록 하는 의도에서 비롯된 것으로 보인다.

3. 다민족 다문화 사회

동남아시아는 수많은 종족들이 각자의 언어와 종교 그리고 문화를 가지고 살아가는 다종족, 다언어, 다문화 사회이다. 이런 동남아시아의 다양성은 문화인류학자들에게 매력적으로 느껴질 수 밖에 없다. 그래서 흔히 동남아시아를 가리켜 문화인류학자들의 천국이라고 한다. 동남아시아를 돌아다녀보면 모두 외모가 비슷해 보이지만 신체적 특징과 피부색 등을 조금 더 자세히 관찰해보면 구별할 수 있는 눈이 생긴다.

4. 라오스어는 태국어의 형제어

태국은 동쪽으로 캄보디아, 남쪽으로 말레이시아, 서쪽으로 미얀마, 북쪽과 북동쪽으로 라오스와 접하고 있다. 인접국끼리는 아무래도 이해관계가 엇갈리고 전쟁을 자주하면서 애증의 역사를 갖게 된다. 태국과 인접국 간에도 여러 가지 마찰과 갈등이 있었다. 이런 과정 속에서 문화의 전파와 언어접촉을 통해 문자의 창제와 모방, 그리고 소리변화나 어휘차용 등이 이루어졌다.

태국어는 중부 방언, 남부 방언, 북부 방언, 그리고 북동부 방언 등 네 가지의 방언이 있다. 그런데 이 중에서 북동부 방언은 지리적으로 인접해 있는 라오스어와 매우 유사하다. 역사적으로 태국의 북동부 16개 주에는 주로 라오스에서 이주한 사람들이 많이 살고

있는 까닭이다. 오늘날 태국과 라오스는 메콩강을 사이에 두고 서로 이웃하고 있다. 태국과 라오스는 정치적으로는 별개의 국가이지만 언어와 문화적으로는 같은 나라라고 해도 지나친 말이 아니다.

실제로 태국을 거쳐 라오스를 가보면 국경을 넘어왔다는 느낌이 별로 들지 않는다. 우선 눈에 들어오는 거리의 간판이나 도로 표지판 등에서 두 나라 문자의 닮은꼴을 발견할 수 있다. 얼핏 보면 태국문자 같은데 무엇인가 조금 더 단순화되거나 아니면 멋을 내기 위해서 흘려 쓴 것 같다는 생각이 든다.

5. 중국계 태국인

태국사람들의 얼굴을 관찰해보면 키가 좀 작고 얼굴이 까무잡잡한 사람들이 있는가 하면 몸집이나 피부색이 우리와 별로 다를 바 없다고 느껴지는 사람들도 있다. 전자는 타이족이고 후자는 중국계 태국인일 가능성이 높다. 그런데 태국의 중국계라고 하는 사람들은 인근의 다른 동남아 국가의 중국계와 달리 중국어를 거의 구사하지 못한다.

중국 문화와 풍습은 부분적으로 계승하고 있지만 사회 문화적 정체성은 일반 타이족 태국인들과 별반 차이 없이 완전히 태국인으로 동화되어 버린 것처럼 보인다. 또한 피분쏭크람 내각이 들어서면서 태국민족의 동질성 확립정책이 시행되었다. 이에 따라 중국

계들에게 태국 시민권을 취득하고, 태국식 이름을 사용하고, 태국 학교에 다닐 것을 강요하였다. 중국계 이름을 가진 사람들에게는 군인을 포함한 공무원이 되는 길을 제한시켰다. 이러한 정책들은 큰 저항 없이 비교적 순조롭게 이루어졌다.

6. 위급 시에 나오는 태국인의 말

사람이 물에 빠지거나 생명의 위협을 느끼는 긴박한 상황에 처하게 되었을 때는 무의식적으로 구조를 청하는 고함을 지른다. 그런데 나라마다 민족마다 그 고함의 메시지에 차이가 있는 것은 흥미로운 사실이다. 한국 사람들은 "사람 살려!"하고 외친다. 주로 "도와 달라(help me)"고 외치는 서양인들과는 대조적인 모습이다. 이런 면에서는 "좀 도와주세요"라고 외치는 태국인은 한국과도 서양과도 다르다.

태국어의 구조 요청에는 목적어가 빠져 있기 때문이다. 비슷한 상황에서 쓰이는 구조 요청의 고함이 아니라 어쩌면 더 즉각적이고 본능적이라고 볼 수 있는 감탄사의 사용을 관찰해보면 또 다른 흥미로운 면모를 엿볼 수 있다.

예를 들어 어두운 길을 가는데 앞에서 갑자기 뭔가가 튀어 나왔을 때, 한국인이 무의식적으로 외치는 소리는 "아이고"외에도 "엄마야"가 대부분일 것이다. 서양인들의 경우는 남녀노소를 불구하

고 "Oh My God!"이 지배적일 것이다. 그렇다면 태국인은 어떨까? 태국인들의 경우 일반적인 감탄사 "우이!따이!(아이고 죽겠네)"외에도 자주 들을 수 있는 감탄사가 바로 "우이! 매!(아이고 엄마야)"와 "우이!프라!(아이고 부처님)"인 것은 문화적 배경을 그대로 드러내는 흥미로운 부분이다.

우리나라와 마찬가지로 엄마의 품에서 자라나고 성인이 되어서도 부모와의 애정관계가 깊은 태국인의 마음속에서 위급할 때 무의식적으로 가장 먼저 생각나는 존재는 바로 "엄마"인 것이다. 그리고 "엄마"의 존재에 대적할 만큼 마음에 의지가 되는 존재가 바로 "부처님"이다.

7. 웃고 살아온 민족

태국사람들을 만나면 우선 느껴지는 첫 인상은 여유롭고 잘 웃는다는 것이다. 이에 비해 태국사람들은 한국사람들의 얼굴이 대개 경직되어 있고 사회적 긴장도가 높은 것 같다고 이야기한다.

태국인이 낙천적이고 여유로워 보이는 것은 불교 사상을 기반으로 한 업보사상의 영향도 있고, 즐겁고 재미있는 것을 좋아하는 성향의 탓도 있겠지만, 아마도 먹을거리가 풍족해서 굶주림을 모르고 살아온 것도 한몫 하는 것으로 보인다.

태국에서 쌀이 생산되는 곳은 중부지역에 집중되어 있다. 그 지역의 젖줄인 짜오프라야강 유역을 중심으로 비옥하고 드넓은 평야에 강수량까지 풍부하여 이모작 또는 삼모작까지 가능했기 때문이다. 그래서 쌀 수출량이 세계 1,2위를 다투어왔고 따라서 이곳을 '아시아의 곡창지대'라고 불렀다. 우리가 농업을 "천하지대본"이라고 하듯 태국인들은 농업을 "국가의 중추"라고 한다.

우리와 마찬가지로 태국도 전통적으로 농경국가였다. 다른 점이 있다면 우리는 밥을 주식으로 하고 김치 등의 채소를 기본 반찬으로 하는 반면에 태국인들은 밥을 주식으로 하고 생선을 기본 반찬으로 한다는 것이다. 태국인이 즐겨먹는 갖가지 생선은 주로 강이나 바다에서 그물로 잡아 올리는 경우가 대부분이지만 논에서 양식하는 것도 있다. 논에서 벼를 재배하면서 아울러 물고기 양식을 하는 것이다. 태국의 전통적인 농사법에 의하면 논에 모를 심고 나서 어린 치어를 함께 방류한다. 위에서는 벼가 자라고 아래에서는 물고기가 자라게 한다. 그리고 추수철이 되면 농부는 논에서 벼를 베고 난 후 물고기를 잡는다. 이렇게 태국의 농부들이 논에서 쌀과 더불어 물고기를 함께 수확하게 되는 것이 수백 년의 역사를 가진 전통적 농사법이다. 논은 벼를 재배하는 경작지이면서 물고기를 양식하는 양어장이기도 한 것이다.

태국 농촌지역을 가다 보면 길가를 따라 늘어서 있는 집들의 지붕에 생선을 말리고 있는 모습을 볼 수 있다. 건기에 먹기 위해 오래 보관하기 위한 방법으로 조상의 지혜를 계승한 것이다.

8. 복장에 대한 예의

태국 문화를 잘 모르는 외국인 관광객 중에는 태국의 사원을 갈 때 반바지에 민소매 티셔츠를 입고 슬리퍼를 신고 가는 사람도 있을 것이다. 일 년 내내 푹푹 찌는 열대성 기후이기 때문에 복장에 대해서는 너그러울 것이라는 선입견을 갖기 쉽다. 그러나 그러한 복장으로는 태국 사원에 발을 들일 수 없다. 많은 사원에서 복장 단속을 하기 때문이다.

예를 갖추지 않은 사람은 사원에 들어갈 수 없다. 민소매나 배꼽티, 속이 다 비치는 얇은 천, 반바지는 입장이 금지된다. 남성은 긴 바지를, 여성은 치마를 입는 것이 기본이나 여성의 경우 치마가 너무 짧으면 역시 제재 받을 수 있다.

이러한 사전 정보를 모른 채 사원을 찾았다가 사원에서 임시로 빌려주는 긴 치마를 입고 조금은 우스꽝스러운 차림새로 입장하는 사람들도 종종 있다. 사원뿐 아니라 고궁이나 왕의 별장 등 유명한 관광지의 경우 대부분 이렇게 복장 단속을 한다.

9. 대학생도 교복을

태국에서는 대학생들도 교복을 입는다. 사실 대학생들이 교복을 입는 것은 태국 뿐 아니라 라오스, 미얀마, 캄보디아, 베트남 등 인도차이나 여러 나라들의 공통점인데, 물론 나라마다 교복의 형태는 다르다. 베트남이나 라오스, 미얀마는 전통의상을 개량한 형태의 교복을 입는 반면 태국의 교복은 단정한 표준 복장 같은 느낌이다. 우리나라 중고등학교 교복처럼 학교마다 다른 디자인이 정해진 것이 아니라, 남학생은 흰 긴팔 셔츠에 검은색이나 감색 긴 바지를, 여학생은 흰색 반팔 셔츠에 검은색이나 감색 치마를 입는다. 여기에 각 학교의 로고가 새겨진 단추나 브로치, 허리띠 버클 등으로 장식을 한다. 대학원의 경우 교복을 입지는 않지만 수업에 들어갈 때는 최대한 단정한 복장을 해야 한다.

시험이나 세미나 등 중요한 행사가 있는 날에는 남성은 긴 바지를 입고 여성은 치마를 입는 것이 관례화되어 있다. 일부 나이가 많은 교수들은 치마를 입지 않은 여학생들의 복장을 문제 삼아 시험장에서 퇴실 조치하는 경우도 있다. 이렇듯 복장을 중요시하는 태국인들의 의식을 이해하지 못하는 경우 본의 아니게 결례를 하거나 오해를 받을 수 있으므로 주의해야 한다.

10. 태국은 게이가 많은 나라인가

태국에 게이가 많은 이유에 대해 각종 낭설이 떠돈다. 혹자는 "태국이 음기가 강해서 말도 여성스럽고 남자들도 여성스러워진다"고도 하고, 혹자는 "식재료인 팍치(고수)가 정력을 감퇴시키는 효능이 있어서 남자들이 여성스러워진다"고도 한다. 그러나 모두

근거가 부족한 궤변이다.

팍치를 많이 먹고도 아주 마초스러운 남자도 많고, 몸은 여자인데 남자처럼 꾸미고 다니는 "텀"도 많다. 이 밖에도 잦은 전쟁으로 부모들이 자식을 전쟁터에 보내지 않기 위해 여장을 시켰다거나, 전쟁이 오랜 기간 이어지면서 여장 남자인 사람이 늘어나게 되었다고 하는 설도 있고, 태국어는 성조, 부드러운 음역대, 비음 섞인 톤의 특성이 있어 말을 할 때에 자연스레 억양이 비교적 부드러운 편인데, 이러한 특성 때문에 태국 남성이 여성화되고 있다는 설도 있다. 그러나 태국과 오랫동안 전쟁을 치렀던 미얀마는 언어도 태국어와 같은 성조어이지만 태국처럼 게이가 많지는 않다. 그나마 타당성이 있어 보이는 것은 불교사상에 기반한 관용 정신과 서로에게 간섭하는 것을 꺼려하는 국민성 때문이라는 설이다.

지난 2012년 태국 보건복지부는 태국 남성 약 3,200만 명 중 남성과 성관계를 하는 사람의 숫자를 약 60만 명으로 집계했다. 여성동성애자에 대한 내용은 빠져 있지만, 어쨌든 남성 중 2퍼센트가 안 되는 숫자니 우리가 흔히 떠올리는 "태국은 게이천국"이라는 이미지에는 훨씬 못 미치는 수치다.

11. 동성애의 오랜 역사

동성애는 인류의 역사와 함께 해왔다고 해도 과언이 아니다. 역사에 기록된 최초의 동성 커플은 기원전 2400년으로 알려져 있다. 이집트의 크눔호텝(Khnumhotep)과 니안크크눔(Niankhkhnum)의 합장묘에는 "살아서도 함께, 죽어서도 함께(Joined in Life and Joined in death)"라는 문구가 새겨져 있다.

그리스 시대에는 남성이 가장 완벽하고 아름다운 생명체로 여겨져 남성 간의 사랑, 특히 스승과 어린 제자 간의 사랑이 고결한 형태의 사랑으로 선호되었다고 하며, 우리에게 잘 알려진 많은 고대 철학자들 역시 그러한 연인 관계였다고 전해진다. 불교『본생담』에도 동성애에 대한 기록이 있고, 태국의 여러 사원 벽화에도 동성애를 나타내는 그림이 남아 있다.

라마 5세는 1908년 제정 법률에서 미풍양속을 해치는 행위 중 "인간의 본성을 거스르는 성행위를 하였을 시 남자, 여자 또는 동물에 대한 것을 막론하고 3개월 이상 3년 이하의 징역과 함께 최소 50바트에서 최대 500바트의 벌금형에 처한다"고 규정하기도 했다.

12. 동성애에 대한 인식

라마 6세와 7세 시대를 거치면서 동성애에 대한 인식이 조금씩 변화한다. 특히 라마6세는 예술을 사랑한 왕으로 유명한데, 동성애적인 성향이 있었던 것으로 알려져 있다. 이어 민주화 시대로 돌입하면서는 일반인 사이의 동성애 행위가 암암리에 더욱 성행하게

되었다. 2차 세계대전 이후 연합군 등 외국인들의 대거 유입으로 이들을 상대로 씰롬, 팟퐁 등지에서 매춘을 하는 게이들의 문제가 사회 문제로 대두되었고, 동성애에 관한 이야기가 수면 위로 올라온 것도 이때부터로 볼 수 있다.

1980년대에는 남성 게이들을 위한 잡지가 대거 창간되어 인기를 끌었다. 트랜스젠더들의 카바레쇼가 붐을 일으킨 것도 이 즈음이다. 방콕의 칼립소쇼, 파타야의 알카자쇼와 티파니쇼 등이 유명세를 타면서 태국 트렌스젠더들의 미모가 전 세계에 이름을 날렸다. 매년 개최하는 트렌스젠더 미인대회 역시 매우 유명하며, 이를 통해 연예계에 데뷔하는 사람들도 생겨났고 이들을 소재로 한 영화도 제작되었다.

한편 신체적 접촉의 금기는 같은 성끼리는 적용되지 않아서 공공장소에서 팔짱을 끼고 다녀도 아무도 이상하게 쳐다보지 않는다. 이는 우리나라에서도 마찬가지이기 때문에 우리에게는 자연스러운 모습이지만, 시각이 다른 서양인들은 이런 모습에 적응하기 힘들어 하기도 한다.

13. 개인의 취향을 존중하는 나라

태국인들은 자유를 사랑한다. 자신이 원하는 것을 하면서 행복을 느끼는 것이 삶의 목표인 사람들이 대다수다. 자신의 행복을 위해 개인적 취향을 적극적으로 드러내고 자랑하고 싶은 것을 과시하는 것이 자연스럽다. 특히 근래 들어 "제 3의 성"을 가진 사람들이 사회에서 활발한 활동으로 부와 명예를 얻으면서 이러한 흐름은 더욱 힘을 얻었다.

"제 3의 성"을 가진 사람들에 대한 긍정적 여론이 조성된 것도 이들에 대한 차별과 편견을 줄이는 데 한몫 했다. 물론 TV에서는 아직도 "제 3의 성"을 가진 사람들을 비하하거나 희화화하는 경향이 보인다. 그럼에도 많은 이들이 성공과 명예를 이루어낸 것은 사회적 편견에 맞서기 위해 남들보다 더 부단한 노력을 기울였기 때문이기도 하다. 아직도 사회 특권계층의 경우는 동성애에 대한 부정적 시각을 가지고 있고, 그렇기 때문에 자신의 성적 취향을 숨기기 위해 위장결혼을 하는 경우도 많다고 알려져 있다.

적지 않은 트랜스젠더들은 여전히 성적 유희의 대상으로 소비되고, 적지 않은 영화나 코미디에서 웃음거리로 등장하고 있는 것이 사실이다. 그러나 "아시아에서 게이가 가장 많은 나라"처럼 보일 수 있다는 것, "제 3의 성"을 가진 이들이 자신의 취향과 주관을 당당하게 드러내고 존중 받을 권리를 외칠 수 있게 하는 태국인들의 관용과 다양성 존중 정신은 주변의 부러움을 사고 있다.

지난 2015년 7월, 태국의 여론조사기관인 니다폴(Nida Poll)에서는 국민 1,250명을 대상으로 동성애의 사회적 수용에 대한 설문조사를 실시했다. "친구나 직장 동료가 제 3의 성인 경우 받아들일

수 있는가?"라는 질문에 응답자의 88.72퍼센트가 "받아들일 수 있다"고 답했다. "같은 사회 구성원으로서 성을 기준으로 그 사람을 판단하는 것이 아니라 실력과 인품으로 판단해야 하기 때문"이라는 답변이 주를 이루었다. "가족 구성원 중 제 3의 성인 사람이 있을 경우 받아들일 수 있는가"라는 질문에도 79.92퍼센트의 사람들이 "받아들일 수 있다"고 답했다.

같은 질문을 한국인들에게 한다면 절대로 이와 비슷한 결과가 나오리라고는 생각하지 않는다. 아직 성 소수자에 대한 재인식과 배려를 위해 갈 길이 멀다 하겠다. 태국인은 오랜 독립국가 유지로 자존감이 높고, 독실한 불교도이기 때문에 자존심을 손상시키는 언동은 삼가야 한다. 태국인은 대부분 외국인에게 친절하고 깍듯한 반면, 자존심을 상하게 할 경우, 돌발적으로 변할 수 있으므로 예의를 지키도록 유의해야 한다.

14. 군 입대 신체검사장에 미모의 여성 등장

매년 4월이 되면 태국의 군 입대 신체검사장에서는 흥미로운 장면이 목격된다. 아름다운 여성들이 군 입대 신체검사를 받기위해 속속 등장하기 때문이다. 최근 태국 현지 언론은 방콕에서 실시된 군 입대 신체 검사장의 모습을 사진과 함께 전했다.

빼어난 몸매와 미모를 자랑하는 여성들이 뜬금없이 신체검사장에 나타난 이유는 바로 트랜스젠더이기 때문이다. 잘 알려진 대로 태국은 트랜스젠더가 많기로 유명하다.

이중에서 언론의 가장 큰 관심을 받은 인물은 2018년 미스 트랜스 유니버스 타일랜드 우승자인 이사리 멍맨(21). 드레스와 하이힐을 신고 나타나 시선을 사로잡은 그녀는 "원활하게 신체검사를 받을 수 있게 도와준 군인 여러분들께 감사하다"며 군 면제를 받았다. 역시 트렌스젠더인 농 릴리(23)도 "나는 생물학적으로 남자로 출생했지만 속은 여자"라면서 "군의관들이 이같은 사실을 인정해 줘서 너무 기쁘다"며 웃었다.

보도에 따르면 태국에서는 군 입대 신체검사장에서 성기수술을 한 트랜스젠더임을 인정받게 되면 공식적으로 군 면제를 받는다. 우리나라와 마찬가지로 징병제 국가인 태국은 흥미로운 방식으로 군 복무자를 뽑는다. 신체검사를 통과한 후 제비뽑기를 통해 입대자를 결정하기 때문이다.

태국은 21세 남성이면 누구나 징집 대상이 된다. 그러나 징집 대상 인원이 군대가 요구하는 복무자의 3배가 넘어 제비뽑기라는 기상천외하지만 공평한 방식으로 입대자를 정한다.

15. 왕들도 즐기던 무아이타이(킥복싱)

태국을 알게 되었던 키워드 중의 하나는 킥복싱이라고 불렀던

무아이타이였다. 킥복싱은 발을 사용하기 때문에 매우 격한 운동이며 다른 여느 호신술보다 위력이 세다. 태국에서 킥복싱을 본 것은 파타야 방문 시 노변에 설치된 도장에서 보았으나 짜고 하는 듯 보였다.

16. 태국의 상징, 코끼리

태국에는 예로부터 코끼리가 많이 서식하고 있었다. 1850년도 집계를 보면 태국 전역에 약 십만 마리의 코끼리가 있었다고 한다. 그러나 현재 개체수가 급감하여 사람이 사육하는 집코끼리의 개체수는 약 2,700마리 가량으로 집계된다.

야생 코끼리는 정확한 집계는 어려우나 전문가들에 따르면 대략 2~3,000여 마리가 남아 있는 것으로 추산된다. 그러나 코끼리가 태국을 대표하는 상징이 된 것은 비단 개체수가 많기 때문만은 아니다.

지금의 태국국기인 삼색기가 공식 국기로 사용되기 전인 1917년까지 태국국기는 붉은 바탕에 흰코끼리가 있는 모양이었다. 태국에서는 전통적으로 국왕을 비슈누 신의 또 다른 화신인 "라마"라고 믿는다.

그런데 브라만교 신화에서 비슈누 신의 화신인 인드라 신은 머리가 여러 개 달린 흰코끼리 에라완을 타고 다니기 때문에, 코끼리를 국왕을 보좌하는 동물이라고 여기는 것이다. 또한 태국인들은 태국 지형이 코끼리 머리를 닮았다고 말하기도 한다.

17. 성씨 및 호칭

불교의 영향으로 20세기 초반까지 성씨 제도가 없었으며, 1913년 처음 도입되었다. 현재도 사람을 부를 때, 성보다는 이름을 부른다. 타인을 호칭할 때는 쿤(Khun)을 이름 앞에 넣어 존칭을 사용한다.

제3장
태국의 국왕과 태국인의 성품

1. 쭐라롱꼰 왕

쭐라롱꼰Chulalongkorn왕은 태국의 왕들 중에서 가장 개혁적인 인물이었다. 그는 평민의 머리를 왕족의 발 아래에 두게 했던 소위 '복종의 법'을 폐지함으로써 놀라운 통치의 시대를 열었다.

그는 왕권의 탈신성화를 위해 최선을 다했고, 자신이 통치하던 무렵에 이미 왕궁 안에 영국인 교장을 둔 태국의 첫 서양식 학교를 개설했다. 그는 계속해서 나라 전체에 승려가 아닌 민간인이 가르치는 학교를 확산시켜 오늘날 '현대 교육의 아버지'로, 또 '근대 태국의 설립자'로도 불리고 있다. 쭐라롱꼰 왕은 다른 모든 동남아시아 국가들이 서양 열강의 식민지로 전락할 때 태국을 자유국가로 지켜냈다는 점에서 가장 인정을 받는다.

쭐라롱꼰 왕의 근대화는 매우 광범위하게 이루어졌기 때문에 1870년대 유럽의 논평자들은 태국을 아시아에서 가장 산업화의 가능성이 높은 나라로 뽑았으며, 일본은 성공하지 못할 것이라 생각했다. 쭐라롱꼰 왕은 오늘날에도 태국의 역대 왕 중에서 가장 존경받고 있다.

그의 사망일은 국경일이며 학생과 공무원들은 라즈담논 녹 Rajdamnoen Nok 에비뉴에 있는 그의 동상 앞에 모여 존경의 표시로 엎드려 절한다. 사실 쭐라롱꼰 왕이 왕권을 현대화한 데에는 몇 가지 개인적인 이유가 있었다.

태국 역사에서 가장 비극적인 아이러니 중의 하나로 쭐라롱꼰 왕의 왕비와 딸의 죽음을 들 수 있는데 그것은 왕권을 보호 하고 국민을 차별하도록 고안된 규정의 직접적인 결과였다. 그의 왕비가 물에 빠져 죽었는데 그 곳에서 불과 몇 미터밖에 떨어지지 않은 곳에 그녀의 충성스러운 국민들이 있었다는 점에서 아이러니의 극치를 느낄 수 있다.

당시 법에 의하면 '배가 가라앉아 왕족이 익사 하려 한다면 뱃사공은 코코넛 열매를 던져서 왕족이 그 열매를 붙잡게 하라. 코코넛을 던진 사람은 40티칼과 금대야 하나를 상으로 받을 것이다. 하지

만 만약 그들이 왕족을 직접 붙잡아서 구해내려 하면 처형당하게 된다. 다른 사람이 코코넛을 던진 것을 보고도 직접 왕족을 붙잡아서 구해내려 하면 벌이 두 배로 늘어나며 그의 가족은 몰살당할 것이다.

배가 가라앉고 누군가가 코코넛을 왕족이 있는 곳이 아닌 강변으로 흘러가게 했다면 그의 목을 베고 집을 몰수 할 것이다.' 라고 되어 있었는데 후에 쭐라롱꼰 왕이 이 법을 수정 하였다.

2. 푸미폰 국왕

오늘날 태국의 평민은 국왕 앞에 서 있을 수 있으며 심지어 왕의 사진도 찍을 수 있다. 1946년에 왕좌에 오른 푸미폰 국왕Bhumibol Adulyadej은 시종일관 쭐라롱꼰 왕의 유지를 토대로 통치하였다.

과거의 폐쇄된 군주와 달리 푸미폰 국왕은 자신이 직접 운전하는 사륜구동을 타고 나라 안의 가장 위험하고 멀리 떨어진 곳에 있는 마을들을 방문하느라 1년에 5만 킬로미터를 달리곤 했다.

태국에서 오래 머무른 외국인들은 대개 태국 국왕에 대한 깊은 존경심을 가지고 떠나게 된다. 푸미폰 국왕은 예술적인 재능이 풍부해 세계에서 유일하게 색소폰과 클라리넷을 연주하고 앨범을 낸 군주이다. 이 정도면 쭐라롱꼰 왕과 같이 푸미폰 왕도 '대왕'이라는 칭호를 받을 만 하다.

3. 연공 서열

지위와 연공 서열은 태국 사회에서 아주 중요한 부분을 차지하고 있으며 태국인들은 그것을 당연하게 받아들인다. 지위와 특권 같은 세속적인 부분에서 떨어져 초연하게 아침 탁발에 나선 승려들도 연장자인 승려가 앞에서 걷고 젊은 승려는 뒤따르는 순서를 지키고 있다.

결혼식, 퇴임식, 장례식 등의 의식행사에 모인 손님들도 그날의 주인공을 축하하기 위해 줄 설때 지위 순서대로 줄을 선다. 누가 시켜서가 아니라 자연적으로 그렇게 습관화 되어 있다.

4. 쌀의 정령

쌀은 개인과 국가에 생명을 가져다주므로 태국 내에서는 매우 특별한 위치를 차지한다. 태국인의 대다수가 계속해서 농사를 짓고 있고 쌀은 여전히 태국의 주된 수출품이다. 이러한 쌀은 그 자체에 영적 요소를 갖고 있다고 하여, 쌀의 정령이 가장 귀한 존재인 국왕부터 초라한 농부에 이르기까지 모두가 행복하게 살도록 늘 세심하게 신경를 쓴다고 한다.

이런 연유로 모내기와 추수에는 특별한 축하의식이 필요하다. 바닥에 떨어진 쌀은 주의 깊게 쓸어 모으며, 아이들이 과식한 후 배가 아프다고 불평하면 어머니는 쌀의 여신을 모욕했다고 꾸짖는다. 쌀의 여신의 심기를 건드리면 쌀 수확이 힘들어지고, 쌀의 여신이

행복하면 태국인은 먹고 사는 문제를 걱정하지 않을 것이다. 그러니 쌀이 남았다고 해도 절대로 쓰레기통에 버리지 말라.

5. 비판하지 말라

태국에서는 얼굴을 마주보며 비판하는 일이 폭력의 한 형태로 간주된다. 비판은 사람들에게 상처를 주며 표면적인 조화를 깬다. 평화를 깨뜨리는 일은 태국인에게는 완전히 부정적인 개념이다. 그러므로 만에 하나 공공연한 비판이 있다 해도 갈등 상황을 개선하려는 긍정적 의도로는 거의 쓰이지 않는다.

비판하는 행위는 나쁜 매너이고 최악의 경우 상대방을 화나게 만들려는 시도일 뿐이다. 태국에서 비판은 거의 모두가 파괴적으로 받아 들여진다.

의견 차이가 있어도 그 차이점을 비판적으로 표현하는 일은 조심스럽게 회피한다. 비판은 호감을 얻지 못할 뿐 아니라 사회체계에 해를 끼치는 것으로 여겨진다.

결정은 윗사람이 하는 것이고 아랫사람은 복종하는 것으로 되어 있다. 비판을 받은 아랫사람은 가능한 빨리 그 현장을 벗어난다. 그렇게 하지 않으면 그는 공개적으로 망신당 할 것이고, 사람들이 자신을 그런 식으로 받아들이면 적의를 가질 수밖에 없다.

6. 태국인은 폭력을 싫어한다

태국인들은 이유를 막론하고 신체적, 언어적, 혹은 정신적 폭력 등 어떤 형태의 폭력도 싫어한다. 현명한 사람은 폭력이 일어날 가능성이 있는 상황에서 가능한 몸을 피하며 처음부터 그런 상황이 일어나지 않도록, 피할 수 없다면 진정시키려 노력한다.

7. 도박과 신에 대한 공양

도박 그리고 신에 대한 공양이 공존하는 곳. 좋고 나쁜 일은 한 개인이 현생과 전생에서 행한 선하고 악한 행동의 결과로 나타난다는 카르마, 즉 인과응보 철학과 장기적인 투자보다는 눈 앞에 보이는 것에 더 끌리는 태국인의 성향은 도박과 점치기라는 태국의 주요 산업의 사회 경제적 기초를 제공해주고 있다. 태국에서 도박의 유혹을 이겨내기란 어려운 일이다.

국가 복권이 모든 길목에서 팔리고 있으며 버스표마다 복권 번호가 있고 심지어는 군인을 징병할 때도 제비뽑기로 결정, 검은 표를 뽑으면 궁지를 벗어난 것이고 붉은 표를 뽑으면 군대에 가야 한다는 식이다.

가장 싼 임금을 받는 노동자들까지도 주로 월급날 정기적으로 모여서 각자 몇 바트씩 내서 모은 돈을 따기 위한 게임을 한다. 만약 여기에 끼지 않으면 반사회적으로 보일지도 모른다. 공식적으로

조직된 것이 아닌 한 도박은 불법이지만 엄격히 적용되지 않는다.

대부분의 사람들에게 도박은 상대적으로 싸게 즐길수 있는 오락이고 가장 선호하는 대화의 소재이며 이긴 사람이 한 턱 낼 수 밖에 없는 즐거운 게임이므로 서로가 모여 즐길 수 있는 기회를 끊임없이 만든다. 특히 닭싸움, 물고기 싸움과 타이복싱의 승부 결과에 돈 내기를 하는 것과 같은 도박은 오락거리가 될 뿐만 아니라 고도의 기술이 필요하기도 한다.

8. 옷 (의복)

서양에서는 왕위를 물려받을 후계자가 청바지를 입고 나타나거나 광부가 휴가 동안 패셔너블한 옷을 입고 다녀도 아무렇지 않지만 태국에서는 그렇지 않다. 태국인에게 있어 자기연출은 그 사람의 지위를 가장 잘 드러내는 수단이다.

한 사람의 지위는 그의 행동과 매너와 말로 표현되기도 하지만, 대부분의 경우 그 사람의 직업 혹은 지위는 그의 외양에 잘 반영된다. 그러나 이러한 인식은 외부의 영향을 받아 빠르게 변하고 있어 유행이 젊은이들의 마음을 사로잡고 있고, 찢어진 청바지가 유행이면 유행에 민감한 사람들이 그것을 입고 다니는 모습을 볼 수 있다. 물론 직장에 갈 때를 제외하고 말이다.

농업에 종사하는 사람들을 제외한 태국 인구 중 큰 비율이 공무원으로서 정부에 직접 고용되어 있다. 공무원들은 군인들처럼 지위를 명백히 드러내는 제복을 입고 있다. 또한 각급 학생과 대학생들도 교복을 입는다.

제복에 개인의 등급이 적절히 표시되지 않은 경우에는 제복을 입는 그룹은 등급을 나타내기 위해 그들만의 관례를 만든다. 대학 신입생들이 흰 양말을 신는 것이 그 관례이다. 이에 반해 시골에서는 만사가 많이 느슨하다. 태국 서민들은 남자라면 그냥 천을 허리에 감아 묶고 여자라면 사롱을 두르고 블라우스를 입는다.

이런 차림이 지금도 농민 대다수의 일상복이 되고 있다. 북부에서는 남자들이 종아리까지 닿는 중국식 면바지와 목깃이 없는 셔츠를 입는데, 최근에는 서양식 옷이 점점 그런 옷들을 대신하고 있고 벽지에까지 퍼져 있다.

9. 혐오하는 사람들

어떤 사람들은 문화충격을 글자 그대로의 감각으로 느낀다. 그들은 자신이 몸담게 된 세계에 충격 받고 혐오감을 느낀다. 공항의 유리문을 나서자마자 그들은 “헤이, 어디 가세요? 택시 탈거요?”라는 말에 둘러싸인다.

택시미터기는 작동하지도 않는 것 같고 버스는 말도 안되게 북적거리며 화장실에는 좌변기도 없는 데다가, 휴지통에는 사용된 휴

지 쪼가리들이 삐죽삐죽 얼굴을 드러내고 있다. 영어는 자기네 방식으로 이상하게 하고, 그나마 그 이상한 영어조차 할 줄 아는 사람이 드물다. 태국인이면서 방콕 지도를 볼 줄도 모르고, 방향을 가리키는 말은 '저쪽으로' 이상의 특정한 단어가 없으며, 손수건 없이 코를 풀어대는데다, 물은 입 근처에 가져갈 수도 없게 지저분하다.

그 열기와 소음, 먼지, 파리떼, 모기떼, 개미, 거미, 도마뱀과 뱀을 보면서 비명 지르기에 지쳐있을 무렵에는 닭고기 스프에 떠 있는 닭발이 눈에 들어온다. 그 때쯤이면 더 이상 비명도 나오지 않고 아마 한숨을 내쉬며 한탄할 것이다. "아, 내가 여기서 뭐하지? 내가 이 나라에 왜 왔나?"

그러나 이 모든 것들은 태국의 문화와는 별 상관이 없다. 닭고기 스프 이야기는 논외로 하고 태국인들 역시 위에 열거된 것들을 외국인들만큼이나 싫어한다. 다만 그들은 싫어하는 것들을 피하거나 무시한다. 태국인은 자신들이 싫은 것을 무시할 수 있는 '능력'을 갖고 있다.

당신이 관광객이라는 신분을 버리고 나면 대부분의 혼란은 사라진다. 사라지지 않는 것들은 그냥 받아들일 수 밖에 없다. 당신은 얼마 되지 않아 변기 위에 쪼그리고 앉을 줄 알게 되고 시골에 갈 때에는 비상용 휴지와 칫솔을 휴대하게 될 것이다.

대부분의 사람들은 변화된 상황에 서서히 적응하게 된다. 진짜 비극은 수많은 단기 여행자들이 태국의 인상을 아주 부정적이며 실제와 다르게 받고는 그것이 전부인 것처럼 성급하게 일반화 시킨다는 점이다. 그들은 그저 방콕에서 며칠을 보냈을 뿐 태국을 경험한 것이 아닌데도 말이다.

10. 황홀해 하는 사람들

반면 어떤 이들은 전혀 다른 방법으로 문화충격을 받아들인다. 그들은 주변을 둘러싸고 있는 문화적 차이를 사랑하다 못해 황홀경에 빠지기까지 한다. 태국의 문화적 환경에 황홀해하는 사람들은 그 문화를 혐오하는 자들과는 완전히 다른 부분의 태국 생활에 집중한다.

평화로운 승려와 환상적인 사원, 페스티벌과 의례, 태국 무용과 수공예품, 그리고 사람들의 순박한 미소. 그들은 감탄한다. "아, 태국의 모든 것, 모든 사람들은 너무 아름답구나!".

11. 해도 되는 것과 안되는 것

1) 해도 되는 것

- 웨이터나 하인을 부를 때는 손바닥을 아래로 향하고 손가락을 곧게 편 채 빠르게 흔든다.
- 식비는 선불로 하지 않고 반드시 식사를 마치고 난 후에 지불

한다.

- 파티에서는 적절한 복장으로 당신의 지위를 나타낸다. 여자는 반바지나 몸이 드러나는 옷을 입지 않는다.
- 가능할 때마다 칭찬을 하라. 태국인들이 좋아한다.
- 관대하게 행동하라. 중요한 사람의 상징이다.
- 선물은 혼자 있을 때 열어본다.
- 소개를 할 때는 아랫사람부터 소개한다.
- 사람을 부를 때는 성이 아닌 이름으로 부른다. 성인은 직함이 없으면 '쿤'이라고 불러야 한다.
- 태국에서는 사람을 초대할 때 특별한 격식이 없는 편이므로 참석여부와 시간이 중요하다면 초대 카드를 사용한다.
- 누군가를 당신의 집으로 특별히 초대한다면 음식을 준비하라. 그들은 초대받은 곳에서 식사할 것을 기대하고 있다.
- 사람들 사이나 그 앞을 지날 때는 몸을 약간 숙인다.
- 물건을 건넬 때는 오른손을 사용하고 존경을 더 표하고 싶다면 왼손을 오른쪽 팔로 받쳐라. 여자는 절대로 승려에게 직접 물건을 건네지 않는다.
- 왕족에게 최고의 존경심을 표하라. 극장에서 영화를 볼 때 화면에 왕 혹은 왕족의 모습이 나온다면 자리에서 일어선다.
- 사원의 주요 건물 앞과 모든 집안에서는 신발을 벗는다.
- 미소 지으면 사람들이 당신을 좋아할 것이다. 미소는 작은 양

해를 구할 때, 작은 봉사에 감사할 때, 그리고 어린이와 하인의 와이에 답례할 때 쓰인다.

2) 안되는 것

- 발로 사람을 가리키지 않는다. 다른 사람이나 남의 음식을 넘어가지도 않는다.
- 손가락으로 사람을 가리키지 않는다. 사물이나 동물을 가리키는 일은 괜찮다.
- 다른 사람의 머리와 머리카락을 만지지 않는다. 실수로 만졌다면 사과한다.
- 승려 앞에는 바닥이든 의자든 다리를 꼬고 앉지 않는다.
- 장례식에 참석하는 것이 아니라면 검은색 옷을 입지 않는다.
- 태국인 앞에서 쌀을 내다 버리지 않는다. 쌀은 태국의 원동력이다.
- 물건을 던지지 않는다. 어떤 물건이라도 던지는 행위는 나쁜 행동이다.
- 하인, 일꾼, 그리고 아이들에게는 와이를 하지 않는다. 그리고 와이는 아랫사람이 먼저 한다.
- 당신의 빨래를 남성이 하더라도 놀라지 말고 그가 여성의 속옷을 세탁하는 것을 거부하더라도 놀라지 않는다.

12. 배낭 여행의 천국

여행의 필수 요소에서 빠질 수 없는 것이 먹거리와 볼거리 그리고 즐길거리다. 태국은 '배낭여행의 천국'이라는 별명에 걸맞게 이 세 가지 요소를 매우 다양하고 알차게 갖추고 있어 비단 여행객뿐 아니라 일반 관광객의 각기 다른 기호를 충족시키고 있다.

1) 먹거리

태국의 요리는 이제 전 세계적으로 유명하며 한국에도 많은 태국 레스토랑이 있다. 태국인들은 먹는 것으로 기분전환을 하며 기회만 되면 먹는 일을 즐기는데도 날씬한 몸을 유지한다.

태국에서는 거의 모든 거리의 모퉁이에서 먹을 것을 파는 작은 식당과 노점상을 발견할 수 있으며, 방콕에는 엄청나게 많은 식당들이 서로 자기 가게의 음식을 자랑하고 있다.

음식 가격이 싼 것도 즐거움을 배가시킨다. 대부분의 레스토랑에서는 음식 가격에 봉사료를 붙이지 않으며 단출한 식당에서는 팁도 기대하지 않는다.

그래도 '잔돈은 가지세요'라는 말은 고맙게 여길 것이다. 은쟁반에 청구서를 담아오는 것으로 미루어 다른 것을 기대하고 있음을 시사하는 식당들도 많다. 그런 곳에서 팁을 줄 때는 10센트 정도면 무난하다.

2) 쇼핑

태국은 상점과 노점상의 나라이고 엄청나게 많은 물건들을 다른 나라보다 싼 가격으로 팔고 있다. 한국에서 옷이나 소품들에 '메이드 인 타일랜드' 표시가 붙어 있는 것을 많이 봐왔던 사람들은 이제 똑같은 물건을 훨씬 싼 값으로 살 수 있다.

수도 방콕은 마치 거대한 복합 상가처럼 보인다. 흔히 쇼핑 중심가라 불리는 곳에 웬만한 큰 가게는 다 몰려 있다. 대형 상가들은 라마1세 거리를 따라 쭉 자리하고 있으며 샴 스퀘어와 세계무역센터 내의 대규모 복합 상가들을 지나 조금만 우회하면 페닌슐러 플라자Peninsula Plaza 가 있는 라즈담리 도로가 나오고 뒤이어 플로엔칫 Ploenchit 가의 소고 Sogo 백화점과 센트럴 치틀롬 Centra Chitlom 으로 이어진다.

이 지점을 넘어가면 도로 가에 옷과 시계, CD와 불법으로 제조된 물건들을 파는 노점상이 널려 있다.

다른 대규모 쇼핑 지역은 짜두짝 Chatuchak 주말 시장인데 여기에서는 오래된 것과 새것, 살아 있는 것과 죽은 것 등 모든 것을 살 수 있다. 이곳은 스카이 트레인의 북부 구간에 있는 싸판콰이 Saphankhwai 역 가까이 있다.

방콕의 열기 속을 걸어서 가면 센트럴 랏 프라오 Central Lard Prao 백화점이 있으며, 오전 10시에 에어컨을 틀어놓은 쇼핑몰이 문을 연다.

3) 나이트 라이프

태국은 나이트 라이프와 매춘으로 유명하며 이 두 가지는 항상 붙어 다닌다. 방콕의 술집, 레스토랑, 매춘부들의 쇼장과 안마 시술소들이 모인 중심지는 실롬 거리 입구 쪽에 있는 팟퐁1,2가이고 수쿰빗 거리에 있는 소이 카우보이soi Cowboy와 소이 나나 soi Nana 등도 외국인들이 빈번하게 드나드는 곳이다.

특히 인상적인 장소는 뉴 펫부리 로드 New Phetburi Road에 있는 거대한 안마 시술소이다. 팟퐁에는 훌륭한 서점과 활기찬 노점상들이 많이 있다.

4) 박물관

공공 국립 박물관이나 지방 박물관들은 월요일, 화요일, 국경일을 제외하고는 정상적으로 문을 연다. 수많은 개인 박물관과 미술관들은 월요일에 문을 닫는 곳이 많다. 국립 박물관은 차오 프라야Chao Phraya강 건너의 타마삿 대학 옆 나 프라탓 로드Na Phra That Road에 있다.

태국에 처음 온 사람은 이 박물관을 제일 먼저 보기를 권하며 또 가능하다면 정기적으로 방문하는 것도 좋다. 영어, 불어, 독일어, 일어, 스페인어로 무료 안내를 하고 있으니 미리 문의해서 시간을 맞춰 가는 것이 좋다.

안내서를 사서 돌아보는 것도 괜찮은 방법이다. 지방 박물관 등 다른 훌륭한 박물관들에 대한 정보와 태국에 대한 책, 소책자 등도 구비되어 있다.

5) 영화관

태국인들은 영화 보러 가는 것을 좋아한다. 대부분의 영화관들은 시설이 훌륭한 편이며 넓고 편안하게 좌석이 배치되어 있다. 태국에서는 영화가 시작되기에 앞서 항상 왕의 찬가가 연주되기 때문에 이 시간에는 의자에 파묻혀 있다가도 일어서야 한다는 점을 명심하자.

6) 숙박시설

방콕에는 적당한 가격의 숙박시설이 잘 완비되어 있어 빨리 구할 수 있지만, 장기투숙의 경우 서두르지 않고 비교하면서 고르면 더욱 좋은 곳을 구할 수 있다.

서서히 한 지점과 특정한 집을 정해서 마지막 결정을 하기 전에 몇 번 방문해보고, 요구하는 가격보다 낮은 가격을 제시해 협상해보라. 임시 거처가 필요하다면 다양한 가격으로 나와 있는 많은 집 중에서 고를 수 있다.

제4장

태국의 불교 및 의식

1. 태국의 대표적인 의례

태국에서는 각종 의례들이 끝없이 이어진다.

그 중에서도 태국인이 일생에서 거치는 굵직굵직한 의례들을 꼽자면 출생, 사춘기, 수계의식, 결혼과 죽음 다섯 가지인데 이들 의례는 태국인의 삶에 불교와 정령 신앙이 양립하고 있는 측면을 보여준다.

그리고 각 의례에서 볼 수 있는 공통적인 특징으로 흰 실과 숫자 3, 길한 시간 맞추기 그리고 돈을 꼽을 수 있다.

1) 흰실

태국의 많은 의식에서 '싸이 씬sai sin' 이라 불리는 흰 실을 볼 수 있는데, 이 흰 실을 누군가의 한 쪽 손목에 묶는 일은 그 사람의 안전과 건강을 빈다는 의미이다. 예비 승려의 수계의식에서 모든 참가자들은 원을 이루고 앉아서 한 가닥의 긴 실을 양손의 엄지와 검지에 걸쳐들고 와이(합장)를 하는 자세로 손을 올린다.

장례식에서는 화장터 주위로 흰 실로 원을 세 번 그리도록 늘어놓는다. 결혼식에서는 혼례를 올리고 있는 커플의 머리를 흰 실로 이어 준다. 이 흰 실은 영혼의 전보 같은 역할을 해 선을 따라, 또는 원을 따라 공덕을 옮겨준다.

당신의 손목에 흰 실로 고리를 만들어 묶으면 그 실은 좋은 힘을 유지하게 해주고 영적 세계로부터 올지도 모르는 위험에서 당신을 보호해 줄 것이니, 금방 풀어버리지 말고 3일 이상 놔두도록 하라.

2) 숫자 3

태국에서는 숫자 3이 길한 상징으로, 좋은 것이 대부분 3이라는 숫자와 연관이 있다.

이는 의례에도 적용되어 각 의례에서 어떤 형태로든 사용되는 숫자는 대부분이 3 혹은 3의 배수이다. 한편 흰 실, 숫자 3과 더불어 태국인은 '모든 일에는 하기에 적절한 시간이 있다'는 관념을 가지고 있어서 국왕과 정부 지도자들을 포함한 모든 사람들이 중대

한 의례을 이끌거나 중요한 결정을 할 때 점성술사에게 상담을 한다. 따라서 사당을 준공할 때, 집을 지으면서 처음 벽돌이나 판자를 놓을 때, 첫 씨앗을 뿌릴 때, 큰 모험을 떠나거나 결혼을 할 때와 같이 위험하고 불확실한 일을 할 경우에 점성술사에게 의논해 적절한 날과 시간을 받는다. 그런데 이렇게 점쟁이에게 받은 길한 시간이라는 것이 대개 이른 아침이다. 그러니 태국인 친구가 새벽 6시 8분~6시 27분 사이에 거행되는 결혼식에 와달라고 초청했다면 그의 말은 농담이 아니라 진심이다.

3) 돈

돈은 어떤 때는 상징적으로 쓰이기도 하지만 단순히 의례를 주재하는 주인의 지위와 권력을 과시하는 허식일 때가 더 많다. 의례는 관련된 사람들의 부에 따라 화려함의 정도가 다양한데, 가난한 사람들이라 해도 일생의 중요한 단계에서는 '돈을 많이 들인' 의례를 치르는 경우가 많다.

잘 정립되어 있는 상부상조의 규범에 의해 돈은 이런 행사들이 있을 때마다 돌고 돈다. 돈은 보통 봉투에 넣어 봉함한 채로 건네고 받는 사람은 누가 얼마를 주었는지를 정확히 기록해 놓는다. 역할이 바뀌어 초청한 주인이 손님이 될 때 '상부상조' 하기 위해서다.

돈을 가진 것과 돈을 과시하는 것, 그리고 돈을 주는 행동은 그 사람의 지위를 입증하는 중요한 요소이다. 이제 돈은 공공연하게 사회적인 관계를 유지시켜주는 역할을 한다. 돈은 누구의 편도 들지 않는다. 그러나 많을수록 좋다.

2. 절(사원)

태국을 방문한 여행객이 태국의 예의범절에 무지한 나머지 어떤 실례를 한다면 태국인들은 그냥 이상하다고 생각하든가 최악의 경우 무례하다고 생각해 못 본척할 것이다. 하지만 여행객이 종교적인 맥락에서 부적절한 행동을 한다면, 설사 그가 아무것도 모르고 한 행동이었다 할지라도 쉽게 용서되지 않는다. 특히 태국인들이 신성하게 생각하는 것을 모욕했을 때는 정말 곤란한 지경에 빠지게 된다. 그렇기 때문에 태국의 사원에서 무례한 행동을 하는 것은 절대적 금기이다.

태국의 불교 사원은 '와트wat'이라고 하는데 아주 간소한 곳도 있고 극히 화려하고 정교하게 꾸며져 있는 곳도 있다. 작은 마을에 있는 왓은 간단한 '봇 bot' 즉, 중심이 되는 본당 한 동으로만 되어있다. 봇은 단순한 넓은 방으로

염불을 위해 사찰에 모인 사람들

이루어져 있으며 그 안에는 중요한 불상이 있고 이곳에서 수계의식이 치러지곤 한다.

인구가 많은 곳에는 왓과 태국식 정자인 '쌀라sala'가 있는데 쌀라는 평신도들이 사교 행사, 장례, 그리고 승례 수계을 받기 전의 의식을 치르기 위해 모이는 장소로 보리수가 심어져 있고 큰 규모의 사원에는 경내 서쪽에 화장터가 있다. 그외에 도서관과 대 불탑인 '체디Chedi'를 갖추고 있는 사원들도 있다.

3. 주지 스님

모든 승려들이 청빈과 겸손의 맹세를 하지만 바깥 세계의 평신도들이 그렇듯 그들도 순서에 따라 상대적인 지위를 차지하고 있다. 모든 승려들이 같은 승복을 입고는 있지만 각자의 지위는 그들이 몰고 다니는 지지자들의 유형에서 분명히 드러난다.

규모가 큰 사원의 주지스님은 그 지역의 계층에서 꼭대기에 있으며 종교적, 세속적 지역 사회 양쪽에서 막강한 힘을 갖고 있다. 주지의 권한 영역에서 그의 승인을 받지 않고 할 수 있는 일은 아무것도 없다.

당신이 사진을 찍으려는 계획이 있다면 그의 허락을 받아야 한다. 하지만 관광객에게 인기 있는 방콕의 사원에서는 금지 표시가 없는 한 원하는 사진을 찍어도 된다.

주지스님에게 다가갈 때 현지인들은 3배를 올리는 존경의 절차를 밟는다. 관광객은 이렇게 할 필요까지는 없지만 그의 키 높이 아래로 몸을 숙이고 가장 존경어린 와이(합장)를 하는 것이 적절하다.

4. 승려의 존재감

승려는 살아 있는 존재 중에서 가장 신성하다. 승려를 죽인다는 것은 우연이라 할지라도 세상에서 저지를 수 있는 일 중 가장 악한 일이다. 그래서 어떤 위험한 상황에서도 승려와 함께 있으면 안전이 확보된다는 말이 있다.

1973년의 혁명 기간에 있었던 에피소드는 태국에서 승려들이 어떤 존재인지를 잘 보여준다. 혁명을 부르짖는 이들의 데모가 한창이었던 당시, 한 무리의 승려가 뚜껑 없는 차에 따고 천천히 지나가고 있었다고 한다. 당시 한 쪽에서는 경찰이, 다른 쪽에서는 데모하는 학생들이 대치해 집중 공격을 하고 있었는데도 승려들은 아무런 피해도 입지 않고 그 지역을 빠져나갔다.

5. 승려와 여성

승려에게 여성은 특히 어려운 존재이다. 모든 여성은 자신과 승려 사이에 가능한 한 사회적 거리를 멀리 유지해야 한다.

여성이 승려의 몸이나 그가 입은 옷을 만지는 것은 금기이며 무

심코 저지른 이런 행위는 승려로 하여금 정화의식을 치러야 하게 만든다. 여성이 어떤 물건을 직접 승려에게 건네주는 것도 금기다.

승려에게 전해줄 물건이 있으면 남성에게 부탁하거나 바닥에 내려놓아 승려가 집어들 수 있게 해야 한다. 승려의 그릇에 떨어뜨리거나 모든 승려가 이 목적으로 늘 갖고 다니는 황색 천 조각 위에 놓는 것도 좋은 방법이다.

버스를 탈 때도 승려들은 늘 버스의 뒷좌석에 앉기 때문에 여성들은 뒷좌석을 피해야 한다. 붐비는 방콕의 버스에서도 승려가 타면 그를 위해 뒷좌석이 비워진다. 승려들이 뒷자리를 차지하는 것은 지위의 문제가 아니라 단순히 그렇게 함으로써 여성과 스치거나 부딪치는 일을 피할 수 있기 때문이다.

6. 태국식 와이(합장)

와이는 합장을 하는 자세인데 말을 하지 않고 하는 인사법일 뿐 아니라 존경을 표하는 행위이기도 하다. 그러므로 와이를 할 때는 태국의 가치관과 사고방식에 맞게 해야 한다. 이것은 태국의 사회 구조를 강화하는 사회적 행동들 중 가장 중요한 요소이다.

기본 법칙은 간단하고 명확하다. 어떤 사회적인 만남에서든지 아랫사람은 신체적으로 겸손한 자세를 취하고 윗사람은 신체적으로 우세한 자세를 취한다. 물론 윗사람일수록 그에 상응하는 권리를 갖는다.

와이를 하는 자세는 상대방에게 내 손에 무기가 없다는 사실을 알리게 되는데 이런 관점에서 보면 와이는 서양의 악수하는 자세가 칼 쥐는 쪽 손을 서로 접촉하거나 꽉 쥐는 의미와 어느 정도 유사하다. 그러나 와이는 대개 대등하지 않다는 것을 나타내는 표현이므로 서로 대등한 관계에서 이루어지는 악수와는 매우 대조적인 인사법이다.

언제나 아랫사람이 먼저 와이를 하며, 윗사람에게 와이를 할 때 아랫사람은 자신을 윗사람의 처분에 맡긴다. 역사적으로도 약한 남자가 먼저 자신의 손에 무기가 없음을 보여준다. 아래로 내린 머리와 눈은 자신을 방어할 수 있는 능력을 더욱 약화시킨다.

윗사람은 와이에 답할 수도 있고 하지 않을 수도 있다. 특히 승려처럼 절대적으로 높은 신분이라면 분명히 답례하지 않을 것이다. 두 개인 간의 사회적 지위가 많이 차이 날 때는 답례로 와이를 하지 않으므로, 태국의 왕은 상대가 승려가 아닌 한 국민에게 와이를 하지 않는다. 또한 어린아이가 노인에게 와이를 하면 그 연장자는 고개를 끄덕이거나 미소를 짓는 것으로 답한다. 팁을 받은 식당 여종업이 와이를 하면 팁을 준 사람은 와이로 답하지 않아도 된다.

하급사원이 사장을 만나게 되면 그는 와이를 하지만 사장은 하지 않는다.

와이는 양 손바닥을 모아 손가락을 위로 올리고 머리와 양손의

엄지가 만나게 하는데 머리를 더 낮게 할수록 더 큰 존경을 나타낸다. 일상에서 와이를 하는 방법은 주로 네 가지 자세가 있다.

첫째, 양손은 몸 가까이 하고 손가락 끝은 턱 높이로 하되 뺨 위로는 올리지 않는다. 이 자세는 비슷한 위치에 있거나 아직 사회적 지위 차이를 모르는 사람에게 사용한다.

둘째, 손은 첫 번째와 똑같이 하거나 더 낮춘다. 허리는 바로 세우거나 살짝 숙인다. 이는 윗사람이 아랫사람의 와이에 답례할 때 쓰인다.

셋째, 손가락 끝이 코끝에 닿도록 머리를 숙인다. 아랫사람이 윗사람에게 존경을 표할 때 쓴다.

마지막으로는 이마를 엄지 아랫부분까지 숙이고 몸을 낮춘다. 이것은 윗사람에게 아주 깊은 존경을 표할 때 하는 와이의 자세다.

7. 출생과 임신

태국에서는 아기가 이 세상에 태어나는 정확한 시각은 점치기의 주요 요소이다. 태국 사람들은 '인간은 전생의 카르마로 인해 특정한 환경, 특정한 장소와 정확한 시각에 다시 태어나는 것이 정해진다'고 믿는다. 이런 이유로 사람이 태어난 시각은 될 수 있는 대로 정확히 기록되어야 하고, 그 시각은 태어난 지 30일 후에 처음으로 점을 볼 때 사용된다.

임신한 태국 여성들은 전통적으로 수많은 금기에 묶여 있었다. 낚시, 고추 먹기, 거짓말하기, 아픈 사람을 병문안하거나 장례식에 참석하는 것 등 많은 것이 금지되었고, 이런 금기사항들을 위반하면 아기의 건강이 위험하다고 믿었다. 지금도 임신 중에 장례식에 참석하는 사람은 거의 없지만, 대부분의 사람들이 고추 먹기를 제한하는 것은 어리석은 미신이라며 가볍게 무시한다.

8. 수계의식

승려들에게 불교의 수계의식은 한 소년이 책임을 지닌 어른의 세계로 들어감을 알리는 의례이다. 태국 남자들은 대부분 인생의 한 시기에 단기 출가를 해서 '부앗 프라Buat Phra' 라는 승려의 생활을 하며 그 시기는 보통 그들이 결혼하기 직전이다.

많은 사람들이 아주 짧은 기간 동안 승려 생활을 하고 때로는 단 며칠만에 그치는 수도 많지만, 대다수가 3개월간의 불교 입안거를 뜻하는 '판사'기간 동안 승려 생활을 한다. 이런 이유로 대개의 수계의식은 입안거 첫 날인 '카오 판사Khao Phansa' 이전에 거행된다.

승려가 되기 위해 남자는 적어도 20세가 되어야 하며, 신체적으로 건강하고 전염성 질환이 없어야 한다. 부모가 승려를 죽인 경력이 있으면 안 되고, 부모의 허락을 얻어야 하며, 가족이나 다른 경

제적인 부담에서 자유로워야 한다. 최근에는 이러한 전통적인 조건 이외에 새로운 것이 추가되었는데 적어도 4년 동안의 학교교육을 받았어야 한다는 조건이다.

승려가 되는 목적은 예나 지금이나 같다. 자기 억제와 명상을 통해 고통을 극복하고 부처님의 가르침을 깨닫는 것, 그리고 자신의 부모에게 공을 돌리기 위함이다.

한 남자가 승려가 되기 위해서는 수계의식시 불교 경전의 원어인 팔리어로 된 긴 서약문을 외워야 하고, 승려가 지켜야 하는 품행에 대한 규율 227개의 의미를 묵상해야 한다. 이들 중 가장 중요한 것은 금욕을 맹세하고 살생, 정오 이후에 음식을 먹는 것, 술과 마약 등 취하게 하는 것을 금하는 물질에 대한 서약이다.

더 이상 그 서약들을 지키기 어렵다고 생각될 때 그는 주지에게 서약에서 풀어주기를 부탁할 수 있으며, 그 때부터 평신도의 삶으로 돌아가게 된다.

수계의식은 태국의 종교의례 가운데 가장 불교적인 행사이다. 한편 태국에서는 여성이 승려가 될 수 없기 때문에 그들은 자신의 아들이나 남편이 수계를 하도록 최선을 다해 설득한다.

태국 여성은 이러한 금지를 성차별이라고 생각하지 않으며, 자신이 승려가 될 수 없는 대신 가능한 많은 공덕을 쌓는 것으로 보상받을 수 있다고 여긴다. 아침에 승려에게 음식을 공하는 사람의 대부분이 여성이다.

하지만 어떤 여성들은 머리를 깎고 흰 옷을 입으며 사원 경내의 여성 수행자 구역에서 지내는 것을 허락받음으로써 여성 수행자가 된다. 그들 역시 속인들에게 음식을 제공받지만 승려들처럼 탁발을 돌지는 않는다. 그들은 사원의 평신도들이 제공하는 음식, 일상용품과 돈으로 직접 부양을 받으며, 일상생활은 승려들과 거의 비슷하지만 대부분의 시간은 공부와 명상, 그리고 평신도들을 상담하는 데 보낸다.

9. 불교의 5계

불교의 다섯가지 계율은 첫째 살생하지 말라, 둘째 도둑질하지 말라, 셋째 간음하지 말라, 넷째 거짓말하지 말라, 그리고 마지막 다섯째로 술과 마약을 삼가라 이다.

거의 전 국민이 불교도인 태국은 세계에서 가장 불교적인 나라이고 태국인들은 모두 이 계율을 알고 있지만, 태국인의 상당수가 이 모든 계율들을 거의 매일 어기고 있다.

1) 살인하지 말라

첫번째 계율인 '살생하지 말라'에 대해서 보면, 고의로 생명 있는 것을 죽이는 태국인은 거의 없지만 그들 대다수가 모두 육식을 좋아하고 즐긴다. 태국 음식에는 보통 돼지고기, 닭고기, 생선 등의

고기가 들어가며 승려들까지도 고기를 먹는다.

고기를 먹으려면 동물을 죽여야 하니, 계율을 지키면서도 마음껏 먹을 수 있도록 허용하는 매우 태국적인 합리화가 필요하게 된다. 우선 승려들은 고기를 먹는 이유를 '즐거움도 혐오감도 없이 그저 사람들이 그릇에 넣어주는 대로 먹어야 하기 때문'이라고 말한다. 다행히 불교도들은 동물을 죽이는 일을 거의 하지 않는데, 그들 대부분이 농부이고 도살하는 사람은 흔히 불교도가 아니기 때문이다.

2) 도둑질하지 말라

두번째 계율은 '도둑질 하지 말라'이다. 다행히 대부분의 태국인들이 이 계율에 따라 도둑질을 하지 않지만 소수의 태국인은 매우 활동적이어서 태국은 세계에서 몇 번째 안에 드는 범죄율이 높은 나라이다. 방콕 도심 어디에서도 도둑을 칭하는 태국어인 '카모이'의 목표가 된다.

카모이는 칼이나 총을 들고 뒷문으로 들어와 자기 손으로 움켜쥘 수 있을 만큼 지갑과 금목걸이를 잡아채서는 앞문으로 나가 친구의 오토바이를 타고 현장에서 도망친다. 주택이나 행인들도 좋은 사냥감이다. 한편 직업적인 카모이들과는 별도로 많은 태국인들은 주운 물건을 갖는데, 이에 대해 '물 밖으로 나온 물고기'라는 식으로 합리화하기도 한다.

3) 간음하지 말라

'간음하지 말라'는 공적으로는 지키고 사적으로는 자주 위반한다. 많은 중급 호텔이 시간 단위로 방을 빌려주는 관행이 있고 차가 들어올 때마다 어린 소년이 뛰어가 커튼을 내려서 차가 밖에서 보이지 않게 하는 기묘한 주차장을 두고 있다. 물론 지붕에서 바닥까지 내려오는 이 커튼의 용도가 차에 먼지가 묻지 않게 하는 것이 아님을 누구나 아는 사실이다.

4) 거짓말하지 말라

네번째 계율 '거짓말하지 말라'는 일상생활에서 지켜지기가 매우 어렵다. 진실과 거짓은 물론 상대적이며 논란이 가능한 개념이다. 태국인은 고의로 거짓말을 하지 않지만 또한 고의적으로 진실을 말하지도 않는다.

존중의 규범과 예의를 지키기 위해 칭찬과 과장이 필요한 이상, 현실의 모순은 어느 사회에나 존재하지만 태국인은 이러한 모순을 안고 사는데 별로 큰 문제를 느끼지 않는 것처럼 보인다.

이는 아마도 '개인은 자신의 운명에 책임이 있고 종교적인 공덕을 쌓음으로써 운명을 개선할 수 있다'고 가르치는 불교 철학이 원인인 듯하다.

5) 술과 마약을 삼가라

다섯번째 계율 '술과 마약을 삼기라' 는 공공연히 위반된다. 술 마시는 일을 특별히 불교도답지 않다고 생각하는 태국인은 거의 없다. 또한 마리화나, 아편, 헤로인 등의 마약들은 불법임에도 불구하고, 세계에서 가장 약물중독 문제가 심각한 나라에 포함될 정도로 많은 양이 태국에서 생산, 소비되고 있다. 최근에는 이들 약물의 생산과 판매가 제한되어 많은 외국인들이 마약과 관련된 위법행위로 태국감옥에 수감되어 있다.

태국인들은 이상 불교도의 5계를 매일 어기게 되므로 그들에게 있어 계율은 현실적이라기보다는 그렇게 해야만 한다는 이상적 영역에 속한다.

10. 결혼

한 개인이 외부의 간섭을 별로 받지 않고 자신의 의지만으로 결혼상대자를 선택하는 사실은 태국인들의 독립성을 나타내는 하나의 특징이다. 아시아 전체가 이런 쪽으로 변하고는 있지만 태국처럼 자녀에게 전적으로 '배우자 선택의 자유' 를 허락하는 나라는 거의 없다. 물론 부모들이 짝을 선택하는데 영향을 줄 수는 있다.

부유하거나 영향력 있는 가정에서도 그렇고, 대부분의 시골 마을에서도 경제적, 사회적 지위가 비슷한 두 가족 사이에 혼인이 성사되는 경우가 많다. 인종적, 종교적인 제한 없이 국제결혼도 흔한데 특히 태국 여성과 서양 남성의 국제결혼이 압도적으로 많다.

11. 장례

일생동안 치르는 모든 의례 중에서 태국인들이 가장 중요하게 여기는 것은 화장 의식이다. 장례식은 인생을 마감하는 의식일 뿐 아니라 다음 생을 위한 출발점으로도 인식된다. 죽음을 삶의 한 과정으로 보고 꼭 거쳐야 하는 자연적이고 필수적인 부분으로 여기는 것이다. 한 사람이 중병에 걸리면 친구와 친척들은 그가 부처와 그 가르침에 마음을 쏟도록 도와준다. 이렇게 하면 죽음을 앞둔 사람은 다음 세상에 대한 마음의 준비를 함으로써 심리적인 안정을 갖는다.

윤회에 대한 믿음은 태국의 인생관과 종교관의 본질로서 한 개인의 물질적인 존재는 자신의 좋고 나쁜 행동, 즉 업의 영적 균형에 의해 결정되며, 이승과 내세에서의 존재의 행로가 종교적 공덕을 쌓음으로써 바뀔 수 있다는 입장이다. 이처럼 한 생에서 다음 생으로 옮겨가는 통과의례의 중요성 때문에 태국인들은 항상 죽은 사람의 친척이나 친구들이 경제적으로 감당할 수 있는 한도 내에서 공들여 의식을 치른다.

제5장

태국의 음식 문화

1. 태국의 음식

한국 음식 중 경상도, 전라도 음식이 다르듯 타일랜드 음식은 중부와 북부, 남부가 각각 다르다. 타일랜드 전통요리는 원래 쌀밥에 간단한 야채와 생선요리가 전부였으나, 중국, 인도, 페르시아, 서구 등지로부터 영향을 받아 이들 요리를 적절하게 배합한 독특한 타일랜드 요리가 탄생했다. 타일랜드 요리의 기본적인 재료는 쌀과 생선, 야채, 마늘, 고추, 후추, 젓갈, 신선한 열대 과일, 토마토, 레몬, 향신료인 고수풀 등이며 여기에 음식 종류에 따라 육류나 카레, 계란 등의 재료가 추가된다. 이들 재료에 다양한 양념을 넣어 매운맛, 단맛, 신맛, 짠맛 등이 조화롭게 어울린 독특한 맛을 만들어 낸다. 일반적으로 반찬에는 향신료를 듬뿍 넣는 것이 특징이다. 특히 모든 종류의 요리에는 플리크(고추), 남플라(생선 젓갈), 팍치(향초), 마나오(라임) 등 4가지가 필수로 들어가며, 이들이 타일랜드 요리의 독특한 맛을 내는 비법이다. 가장 인기 있는 타일랜드 요리는 매운맛과 향신료 향기가 독특한 수프인 톰얌 Tom Yam과 카레인 켕 Kaeng, 다양한 열대 과일로 만든 샐러드 얌 Yam등이다. 밥 종류는 볶음밥이 주류를 이루며 카오팟 Kao Phat이 널리 알려져 있다. 생선이나 닭 등의 재료로 끓인 쌀죽 카오톰 kao Tom, 구운 닭고기 요리 카이 양 Kai Yang등도 서민들이 즐기는 음식이다. 또 쌀로 만든 국수류는 종류가 20여 종에 달하고 맛도 각각 달라 서민들이 즐기는 음식이다. 라면 같은 노란 면에 수프를 넣고 끓인 바미남과 굵은 면을 삶거나 볶아서 먹는 쿠티오 남, 조개수프에 면을 넣어 끓인 바미헨, 볶은 국수에 꾸미를 얹어서 먹는 바미 파트 크보르 등이 대중적인 국수 요리다. 이러한 면류는 주로 포장마차에서 판다.

타일랜드는 외식문화가 발달한 나라여서 어느 곳에서나 고급 음식에서 가벼운 간식까지 손쉽게 맛볼 수 있다. 고급 호텔의 식당이나 유명한 전문식당에서 타일랜드 음식을 즐길 수 없는 경제적인 여행자는 해변의 조그만 간이식당이나 포장마차 등에서도 전통 태국 음식을 값싸게 맛 볼 수 있으므로 실망할 필요가 없다.

지역별 전통요리는 다음과 같다.

1) 중부 지방 요리

(1) 톰얌쿵 Tom Yam Kung

우리나라 해물탕과 비슷한 맛을 내는 새우 수프. 재료는 새우와 조개, 버섯, 파, 레몬, 고추, 양파 등이며 생선 젓갈을 넣어 맛을 낸 후 끓인다. 밥과 함께 먹으며 시원한 맛을 즐길 수 있어 우리나라 관광객들에게도 인기.

(2) 캥 키에오 완 카이 Kaeng Khieo Wan Kai

닭고기 카레 수프다. 닭가슴살과 코코넛 밀크, 그린 카레, 고추, 야채기름, 향신료 식물잎 등을 넣고 끓인다. 카레의 독특한 매운맛과 코코넛 밀크의 구수한 맛, 향신료 식물의 냄새 등이 어울려 독특한 맛을 낸다.

(3) 미 크롭 Mi Krop

튀긴 가느다란 쌀국수와 닭고기, 돼지고기, 야채 등을 넣어 끓인 국수요리다. 이들 재료 외에 새우, 계란, 마늘, 고춧가루, 식초, 젓갈, 설탕 등이 더 추가된다. 얼큰하고 시큼한 맛이 나며 국물이 시원하다.

2) 북부 지방 요리

(1) 켕항레 Kaeng Hang Le

쇠고기, 돼지고기 등 육류에 카레를 넣고 졸인 고기 카레찜이다. 파인애플과 고추, 레몬, 마늘, 고수풀 뿌리 및 커민 씨, 새우, 라임주스, 젓갈, 설탕 등의 재료가 들어간다. 매운 카레맛과 고기맛이 잘 어울린다.

(2) 남 프릭 옹 Nam Phrik Ong

얇게 썬 돼지고기에 토마토 소스를 넣고 끓인 돼지고기 요리이다. 새우살 반죽과 마늘, 설탕, 젓갈, 라임주스, 고추 등의 재료를 토마토 소스로 버무린 뒤 끓이면 돼지고기 특유의 냄새가 나지 않고 얼큰한 국물이 일품인 돼지고기 요리가 완성된다.

(3) 카이 양 Kai Yang

양념을 발라 구운 닭고기 요리로 젓갈 소스에 찍어 먹는다. 젓갈 소스는 매운 고추와 후추, 마늘 등을 넣어 매콤하게 만든다. 파파야 샐러드, 밥과 함께 먹는다.

(4) 솜탐 Som Tam

파파야와 토마토, 새우를 넣고 만든 샐러드다. 홍당무와 설탕, 라임 주스, 고추 등을 생선 젓갈로 버무려 맛을 낸다. 구운 닭고기와 함께 먹는다.

3) 남부 지방 요리

(1) 카놈 친 남 야 팍 타이 Khanom Chin Man Ya Pak Tai

삶은 국수를 매운맛이 나는 생선국물 소스에 찍어 먹는 국수요리. 소스를 만드는

방법은 생선을 삶은 국물에 코코넛 밀크와 레몬즙, 마늘, 상황 뿌리, 후추, 새우고기 다진 것, 젓갈 등을 넣고 끓인다.

(2) **부아 로이 푸악 Bua Loi Phuak**

코코넛 밀크에 둥글게 썬 타로 뿌리와 쌀가루 및 옥수수 가루, 설탕, 소금을 넣고 끓인 코코넛 크림 수프다. 담백한 맛이 특징이다.

2. 태국 음식의 특징

1) 어장(漁醬)문화권이다.

우리나라를 비롯한 동북아 지역이 콩을 이용한 간장, 된장 등을 만드는 대두장(大豆醬)문화권인데 비해 태국을 비롯한 동남아 지역은 어장(漁醬)문화권이라 할 수 있다.(태국에서 대두장이 발달하지 못한 이유는 고온 다습한 기후로 콩이 발효되기 전에 부패하기 때문이다. 우리나라에서도 그런 이유로 기후가 서늘해지는 가을부터 겨울동안 메주를 발효시킨다.) 그 예로 태국에서는 물고기를 원료로 액젓을 만들어 간장 대신 사용한다.

태국은 '남쁠라'라고 하는 물고기와 소금으로 발효시킨 물고기 액젓으로 음식의 간을 맞춘다. 우리나라의 고추장이나 된장과 비슷한 '크루엉찜' 혹은 '남찜' 이라는 것이 있는데 일종의 쌈장이라 할 수 있다. 이 역시 물고기나 새우를 주원료로 한다. 각 가정과 식당에서 빼놓을 수 없는 중요한 기본 양념이다.

2) 주식은 쌀밥이다.

지역에 따라 약간 차이가 있지만 방콕 등 중부 지방과 남부 지방에서는 멥쌀밥을 선호하는 반면, 북부 지방과 동북부 지방에서는 찹쌀밥을 선호한다. 이 두 지역은 고원지대이고 토양이 척박해서 멥쌀보다는 찹쌀 경작이 더 적합하기 때문이다. 한 가지 특이한 것은 태국인들은 잡곡밥을 먹지 않는다는 사실이다. 흰밥 외에 주식을 대체하는 음식은 죽과 국수, 떡(카놈)등이 있다.

3) 고소하고, 맵고, 신맛의 음식이 많다.

음식에 따라 다르지만 태국 음식은 대체로 고소하고, 맵고, 신맛이 나는 편이다. 거기에 다양한 향신료가 첨가되어 독특한 향미가 많은 것도 특징이다. 태국 음식에 들어가는 재료 중 신맛이 나는 재료는 레몬과 레몬그라스, 라임 등의 과육과 줄기, 잎 등이다. 매운 맛을 내는 것은 고춧가루를 사용하는 경우도 있지만 '프릭키누'라는 새끼손가락만 한 '쥐똥고추'를 주로 사용한다.

우리나라에서는 흔하지 않지만 '고수'라고 부르는 '코리앤더 Coriander'라는 채소가 향신채와 향신료로 두루 쓰인다. 처음에 먹어보고 입맛에 맞지 않을 경우, '마이싸이 팍치(팍치는 넣지 마세

요)'라고 이야기하면 되지만 미리부터 반감을 가질 필요는 없다.

4) 숟가락과 포크를 사용한다.

원래 태국의 재래식 식사 관습은 음식을 손으로 먹는 것이다. 1900년대 초, 라마 5세의 현대화 개혁으로 서구 문화가 유입되면서 손으로 먹는 식습관에서 숟가락과 포크 등 기구를 사용하는 관습으로 변했다. 원래 태국의 음식들은 재료를 잘게 잘라 조리하는 방식이므로 나이프(칼)가 필요하지 않다.

라마 5세의 개혁으로 서양 문물이 유입된 후 동양의 숟가락을 주 도구로, 서양의 포크를 보조기구로 채택하여 사용하고 있다. 포크는 숟가락으로 음식을 뜰 때 보조역할을 해준다. 다만 면류를 먹을 때는 젓가락을 사용하고 공동의 음식을 먹을 때 개인 숟가락으로 직접 뜨는 것은 예의에 어긋나는 행동이다.

반드시 '천끌랑'이라고 하는 공동 숟가락을 사용하여야 한다. 국물이 있는 음식을 숟가락으로 먹지 않고 들이마시는 행동도 태국의 식사 예절에서 벗어나는 일이다.

3. 태국의 대표적인 음식 22가지

태국은 예로부터 세계적인 곡창지대이며, 향신료와 열대 과일이 풍부한 나라이다. 내륙의 강과 운하에는 민물고기들이 풍부하고 국토의 삼면이 바다와 접해 있어 각종 해산물이 풍부한 것이 특징이다. 태국 음식은 중국과 인도, 인근의 나라에서 모두 영향을 받아 복합적인 성격을 갖고 있다.

진한 카레의 일종인 "깽"은 인도의 영향을 받은 것이고, 국수와 각종 탕, 죽의 일종인 '쪽(粥)', 맵지 않은 볶음 음식은 중국에서, '통 입과 통 욥'등 달걀을 이용한 각종 디저트는 포르투갈에서 전래되었다. 1년 내내 풍부한 먹을거리 자원과 다양한 문화가 합쳐져 태국 특유의 음식문화가 만들어졌고, 전 세계적인 호평을 받는 음식으로 자리 잡았다.

(1) 남프릭 Shrimp Paste Dipping Sauce

태국 가정식의 기본이 되는 음식으로 태국식 장류에 야채와 생선 등을 찍어 먹는다.

(2) 카오팟 Fried Rice

가장 기본적인 태국식 볶음밥이다. 들어가는 재료에 따라 카오팟 꿍(새우), 카오팟 탈레(해산물), 카오팟 뿌(게살), 카오팟 무(돼지고기), 카오팟 까이(닭고기) 등으로 나누어진다.

(3) 꿰띠오 Rice Noodle

보통 쌀국수하면 국물이 있는 쌀국수를 떠올린다. 이렇듯 국물이 있는 국수는

'꿰띠오 남(물)'이라고 하고, 비빔면은 '꿰띠오 행(마른)'이라고 한다.

(4) **팟타이** Fried Noodle

태국식 볶음 국수로 역사는 수십 년밖에 안 된 음식이지만 빠르게 대표 태국 음식으로 자리 잡았다. 태국식 볶음 국수인 팟타이에는 타마린드Tamrinnu 가 들어가 새콤달콤한 맛이 난다.

(5) **카놈찐** Noodle in Curry Sauce

태국의 국민 국수요리. 예로부터 멥쌀로 만든 가늘고 흰 국수(우리나라 소면과 비슷)를 젓갈이나 커리, 코코넛 밀크와 각종 야채를 함께 올려 먹는 요리이다.

(6) **얌운센** Salad with Glass Noodle

당면을 넣은 태국식 샐러드. 애피타이저로, 밥반찬으로, 술안주로도 딱이다.

(7) **쏨땀** Papaya Salad

어린 파파야를 길고 얇게 잘라 고추, 마늘, 생선젓, 땅콩, 조그만 새우나 게 등을 넣고 절구에 찧은 것이다.

(8) **깽키오완** Green Curry

'깽'은 주로 국물이 적은 카레와 같은 음식을 칭한다. 그 중에서도 가장 인기가 있는 것은 순하고 부드러운 맛을 가진 깽키오완이다.

(9) 똠얌꿍 Spicy & Sour Prawn Soup

'똠'은 '끓이다'라는 뜻으로 탕과 같은 국물이 많은 요리를 지칭하는 이름이기도 하다. 똠얌꿍은 태국의 가장 대표적인 음식이다.

(10) 쁠라능 마나오 Steamed Fish with Line Soup

상큼한 맛이 일품인 라임 국물에 생선과 마늘, 고추를 넣고 끓인 탕. 맑고 매콤하면서도 개운한 맛이다. 생선 대신 오징어를 넣으면 '바묵능 마나오'이다.

(11) 찜쭘 Thai Style Suki

태국식 수키. 투박한 황토 그릇에 육수를 담고 고기나 야채 등을 익혀 먹는다. 보통 현대식 식당에서 판매하는 육수보다 진하고 깊은 맛이 있고, 주로 노점에서 판매한다.

(12) 팟끄라파오 Fried Holy Basil

바질 잎을 넣고 볶은 요리. 주로 돼지고기나 닭고기와 함께 요리하고 팟끄라파오만 단독으로 주문하거나, 덮밥으로 주문할 수도 있다.

(13) 까이양과 무양 Barbecued Chicken & Pork

태국 이싼 지방의 음식이지만 전 국토에서 사랑받고 있다. 숯불구이 닭고기는 '까이양', 숯불구이 돼지고기는 '무양'이다. 쏨땀과 먹어야 제 맛이다.

(14) **꿍채남쁠라** Shrimp in Chiti

라임 소스와 마늘을 올려 먹는 생새우 요리. 애피타이저로도 그만이다.

(15) **뿌동** Raw Crab with Chili

마늘과 고추가 잔뜩 올라간 태국식 게장. 생 게를 살짝 얼려 시원하게 먹는 것이 좋다. 매콤하고 라임의 맛이 상당히 자극적이다.

(16) **뿌팟퐁커리** Fried Crab with Curry Sauce

게와 달걀, 커리의 조화로 한국인에게 가장 인기 있는 씨푸드 요리로 등극했다.

(17) **어쑤언** Omelet with Oyster

싱싱한 굴을 달걀과 함께 뜨거운 철판에 지글지글 부쳐 먹는 요리이다. 우리나라 굴전과 비슷한 맛이 난다. 제대로 맛을 내는 식당을 만나기는 쉽지 않지만!

(18) **쁠라 능시유** Steamed Fish with Soy Sauce

약간은 중국 요리를 닮은 태국 요리. 생선에 간장 소스와 생강, 파 등의 야채를 올려 쪄 내는 요리이다.

(19) **호이라이 팟프릭파오** Clams with Sweet Basil with Chili Sauce

조개에 태국식 고추장을 살짝 넣고 바질 잎과 함께 볶은 요리. 매콤하고 자작한 국물에 밥을 비벼 먹어도 그만이다.

⒇ 미앙캄 Miang Kham

식용 찻잎에 잘게 썬 생강, 양파, 고추, 라임 등과 멸치와 소스를 쌈처럼 싸먹는 애피타이저. 익히지 않은 생채소를 먹는 것이라 소화 촉진에도 좋다.

㉑ 시콩무양 Pork Rib BBQ

숯불에 구운 태국식 돼지갈비 바비큐. 우리나라 갈비 소스와 비슷한 양념을 입혀 한국인 입맛에도 딱 맞는다.

㉒ 호이크랭 루억 Steamed Cockles with Dipping Sauce

삶은 꼬막을 소스에 찍어먹는 요리. 쫄깃한 식감 덕분에 안주나 애피타이저로 인기다.

4. 다양한 재료 및 요리 방법에 의한 태국 음식

태국 음식의 주식은 쌀밥으로, 반찬이 되는 부식도 상당히 다양한 종류가 있다. 아침 식사로는 죽과 식빵(카놈빵) 등을, 점심으로는 간단하게 국수나 만두, 또는 밥과 간단한 반찬이 올라간 덮밥류를 먹는다. 하루 중 저녁 식사를 가장 푸짐하게 먹고, '컹완'이라고 부르는 후식도 반드시 먹는 관습이 있다.

1) 카오 쑤어이 Steamed Rice

전 세계에서 재배되는 쌀은 쌀알의 모양과 재배지역에 따라 인디카indica와 자포니카japonica 로 크게 나뉜다. 우리나라와 일본에서 주로 먹는 자포니카는 둥글고 짧은 모양이며 끈기가 있다. 태국에서 주로 먹는 쌀은 인디카 종으로 길고 가느다란 모양이며 끈기가 없다. 주로 '안남미'라고 부른다. 인디카 쌀은 세계 전체 생산량 및 무역량의 약 90%를 차지할 정도로 압도적으로 많다. 밥을 할 때는 찌듯이 하고 나중에 뚜껑을 덮고 뜸을 들이게 된다.

태국음식 중에 가장 기본이 되는 음식이 바로 흰밥이다. 태국어로 해석하면 '아름다운 쌀'인데, 이름처럼 태국 음식의 백미는 바로 그냥 '흰밥'이다. 이 쌀을 이용하여 볶음밥을 만들거나 각종 덮밥 등을 만들게 된다. 흰밥과 요리를 함께 먹는 것이 기본적인 태국 식사로 더 간단하게는 요리를 밥 위에 얹은 덮밥(요리 이름+랏 카오)도 있다. '랏'은 토핑Topping을 뜻한다.

2) 똠 Spicy & Sour Soup

'똠'은 '끓이다'라는 뜻으로 탕과 같은 국물이 많은 요리를 지칭하는 이름이기도 하다. 똠얌꿍은 태국의 가장 대표적인 음식이자 대외적인 외교사절이라고 해도 될 만한 음식이다. 똠얌꿍의 국물 맛을 내는 3대 재료는 레몬 그라스, 라임, 양강근(생강과의 식물)이다. 여기에 각 식당에 따라 코코넛 밀크와 볶은 고추장(남프릭파우)유무에 따라 매운탕처럼 진한 맛이 나기도 하고, 맑은 탕처럼 개운한 맛이 나기도 한다. 처음 먹을 때는 거부감이 들기도 하겠지만 한 번 맛을 들이면 이 국물로 해장을 할 정도로 깊은 사랑에 빠질 수도 있다. 새우(꿍) 대신 해산물을 넣으면 똠얌탈레가 된다.

3) 덮밥

(1) **팟 까파우 무쌉** Fired ground pork & Sweet basil with rice

바질과 함께 볶은 돼지고기 덮밥

(2) **카우 만 까이** Chiken over rice

닭고기 덮밥

(3) **카우 카 무** Boied Pork leg over rice

돼지족발 덮밥

(4) **카우 무 댕** Red pork over rice

붉은 돼지고기 덮밥

4) 이싼푸드 North East Thai Food

이싼은 태국의 동북부 지방을 가리키는 말로 태국에서는 가장 개발이 더딘 곳이지만 이곳의 몇 가지 음식은 전 국토에서 사랑 받고 있다. 마치 한국의 남도 음식처럼 대표적인 음식은 숯불구이 닭고기인 '까이양'과 숯불구이 돼지고이인 '무양'이다. 돼지고기 부위 중에서도 목살을 구운 '커무양'은 한국인들에게 최고 인기다.

이런 메뉴들은 파파야 샐러드인 '쏨땀'과 먹으면 찰떡궁합이다. 쏨땀은 어린 파파야를 길고 얇게 잘라 고추, 마늘, 생선, 땅콩, 조그만 새우나 게 등을 넣고 절구에 찧은 것으로 노점에서 많이 찾아볼 수 있다. 이싼 오리지널 쏨땀은 '빠라'라는 선 젓국으로만 버무리는데 매우 자극적이 맛으로, 방콕 등 일부 지방에 퍼져 있는 쏨땀은 땅콩과 마른 새우, 라임 즙을 넣어 순화시킨 '쏨땀 타이'이다. 들어가는 재료에 따라 상당히 많은 종류가 있다. 고기를 다져 만든 샐러드는 '랍'이라고 한다. 국물 요리에 소개한 '찜쭘'이나 '똠샙'도 사실은 이싼 지역이 고향인 음식들이다. 그 밖에 육류의 내장을 이용한 음식이 많은데, 곱창구이나 소시지 등도 많이 먹는다.

5) 얌 Salad

'얌'은 무침 음식의 일종으로 라임과 식초, 고추 등의 재료를 피쉬 소스로 버무린 태국식 샐러드이다. 해산물을 넣으면 '얌탈레'가 되고 소고기를 넣으면 '얌느아'가 된다. 당면을 넣는 '얌운센'도 현지인들에게 인기가 좋다.

매콤새콤한 태국식 샐러드. 입맛 들이면 김치 대용으로도 가능하다.

(1) 쏨땀 Papaya Salad

매콤하다. 파파야와 말린 새우, 땅콩을 넣은 '쏨땀 타이', 게를 넣은 '쏨땀 뿌',

해산물을 넣은 '쏨땀 탈레'등이 있다.

(2) **얌운쎈** Yam Woon Sen

가는 면인 운쎈과 다진 고기를 넣은 샐러드.

해산물이 들어간 '얌 탈레'와 오징어가 들어간 '얌 쁠라' 등이 있다.

6. 깽 Curry

'깽'은 주로 국물이 적은 카레와 같은 음식을 칭한다. 탕과 같은 국물이 많은 '똠'과는 달리 자작하게 요리하는 것이 특징이다. 인도에서 영향을 받았지만 카레 반죽에 코코넛 밀크를 넣거나 빼서 요리하거나 각종 향신료를 첨가해 다양한 방법으로 요리한다.

태국인들의 일반 가정식 식단에서 빠지지 않고 등장하는 음식이다. 약간 매콤한 맛을 가진 깽펫Red Curry. 순하고 부드러운 맛을 가진 깽키오완Green Curry, 가장 매운맛을 가진 깽 빠Jungle Curry등이 있다.

카레 요리, 종류에 따라 향이 강한 것도 있다.

(1) **깽 펫 무/까이/느아/양/뿌님**

Red Curry with pork/Chicken/Beef/Duck/Crab

붉은 카레 볶음 요리, 코코넛 밀크를 넣어 맛이 부드럽다. 돼지고기, 닭고기, 쇠고기, 구운 오리, 게살 등을 넣는다.

(2) **깽 키아우 완 꿍/까이/느아**

Green curry with shrimp/chicken/beef

녹색 카레에 새우, 닭고기, 쇠고기 등을 넣는다. 태국 특유의 향과 맛이 강하다.

(3) **파넹 느아** Paenaeng curry with beef

깽 펫보다 맛이 강한 파넹 카레를 이용한 요리.

(4) **깽 까리 꿍** Yellow curry with parwns

흔하게 보는 노란색 카레 요리. 코코넛 밀크를 볶아 쓰기 때문에 맛이 부드럽고 구수하다.

7, 볶음 요리 Stir Fried

태국의 가정식에서 가장 중요한 요리이다. 태국의 볶음 요리를 이해하기 위해서는 요리에 들어가는 재료와 소스에 대한 지식이 있어야 한다. 태국 음식에서 팍치 못지 않게 많이 사용되는 식물인 바질Basil 은 태국어로 '끄라파오'라고 한다.

이 허브가 들어간 돼지고기볶음은 '팟끄라파오 무'라고 하면 되는데 빨리 말하면 '팟까파오 무'라고 들리며 자극적인 맛이다. 각종 채소를 볶은 '팟팍루임'은 태국인들이 가장 많이 찾는 요리 중 하나이다.

(1) **까이 팟 멧 마무앙 히마판**

Fried chiken and cashewnuts with sweet chilled paste

달콤한 고추 소스를 이용한 닭고기와 땅콩 볶음.

(2) **팟 쁘이아우 완 꿍**

Sweet & sour stir fired shimps with vegegables

달고 시큼한 맛의 새우와 야채 볶음. 메뉴에 Sweet & Sour 가 들어가면 탕수육 소스를 떠올리면 된다.

(3) **느아 팟 남만호이 헷**

Stir–fried beef and mushroom in oyster sauce

굴소스 야채 소고기 볶음.

(4) **팟 팍붕 파이뎅** Stir–fried morning glory in oyster sauce

굴소스 야채 줄기 볶음.

(5) **팟 팍 루엄 밋** Stir–fried mixed vegetables

야채 볶음. 밥과 함께 주문한다.

(6) **카이 찌아우 냄/뿌/무쌈**

Thai omelette sour pork sausage/crab/minced pork

태국식 오믈렛. 다진 돼지고기를 넣은 게 가장 인기가 좋다.

(7) **카우 팟 Fried rice**

볶음밥

8. 씨푸드 Seafood

태국의 씨푸드는 어느 나라에서도 찾기 힘든 풍미가 있어 전 세계인의 사랑을 받는 음식이다. 가장 평범한 조리법은 숯불 위에 굽는 그릴Grill이다. 새우나 랍스터는 별다른 양념 없이 숯불에 구워 소스를 찍어먹는 것이 일반적이다.

생선은 주로 양념을 하는 편이다. '쁠라 라프릭'은 생선을 바짝 튀겨 그 위에 고추양념을 뿌린 것인데 한국인의 입맛에 잘 맞으며 '쁠라능 마나오'는 라임을 넣고 끓인 생선요리인데 맛이 특이하다.

태국 음식에는 익혀 먹지 않는 해산물도 있는데 굴과 새우, 게 등은 피쉬 소스, 쥐똥고추와 함께 생으로 버무려먹기도 한다. '뿌동', '꿍채남쁠라', '호이랑롬' 등이 그런 요리이다.

점심보다는 저녁에 즐겨먹는 해물요리. 무게를 재 음식 값을 받기 때문에 1인당 200B 이상은 예상해야 한다.

(1) **깽 쏨 똠싸** Sweet & sour fish soup

매운탕과 비슷한 맛이다. 테이블에서 끓여 먹을 수 있도록 해준다.

(2) **뿌 옵운센** Baked soft shell crab with glass noodle

가는 면이 들어간 게 찜요리. 뿌 팟 퐁 까리와 함께 인기 해산물로 꼽힌다.

(3) **뿌 팟 퐁 까리** Fried soft shell crab with curry powder

인기 만점의 게 요리. 전분과 계란이 들어간 카레로 볶았다.

(4) **꿍 톳 까티얌 프릭**

Fried prawns topped with garlic & pepper sauce

튀긴 새우에 잘게 썬 마늘을 볶아서 얹은 요리.

(5) **꿍 팟 프리 파우** Fried prawns with spicy chili sauce

매운 고추 소스를 얹은 새우 요리.

(6) **호목 탈레** Steamed seafood with coconut milk & curry paste

코코넛과 카레로 버무린 해물찜. 조리법에 따라 향이 너무 강한 경우도 있다.

9. 국수 Noodle

기본적으로 중국의 영향을 많이 받은 국수요리는 한국인들도 비

교적 거부감 없이 먹을 수 있는 음식이다. 국수는 면의 종류나 요리 방법에 따라 무척 많은 종류가 있다. 우선 면의 종류는 크게 재료에 따라 쌀국수인 '꿰띠오Rice Noodle'와 밀가루와 달걀로 만든 '바미Egg Noodle'로 나눌 수 있다. 우리나라 당면과 비슷하지만 훨씬 얇은 '운센Glass Noodle'도 있다.

(1) **꾸어이 띠아우** Noodle soup

쌀국수

(2) **팟 타이** Fried noodle

태국식 볶음면

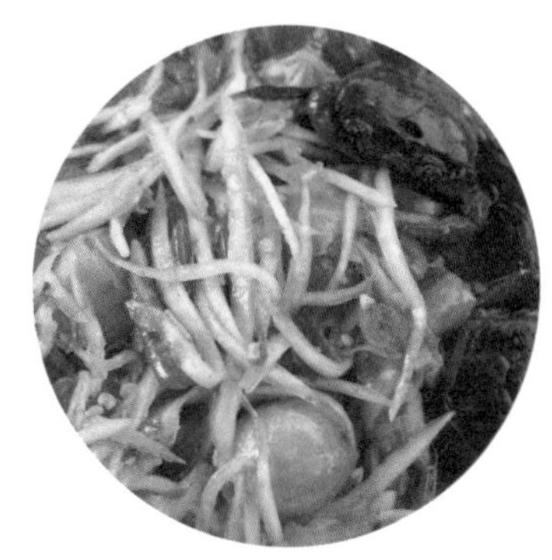

10. Appetiger

(1) **뽀삐아** Deep fried spring roll

스프링 롤

(2) **까이 호 바이 토이** Fried chicken wrapped with pandanus leaf

판다너스 잎으로 감싸 구운 닭고기 요리

(3) **톳 만 꿍** Deep fried shrimps cake

새우살 튀김

(4) **뿌 따 라이** Steamed crab meat with ground pork

돼지고기와 함께 삶은 게살 요리

(5) **톳 만 쁠라 크라이** Deep fried fish cake

생선 어묵 튀김

(6) **파넹 까이/무/느아** Panaeng Kai/Moo/Nuea

카레 소스를 얹은 닭/ 돼지/ 소고기 구이

제6장

태국 음식에 대한 이야기

1. 유래가 다양한 태국음식

오늘날 태국이 다양한 음식문화를 향유하게 된 것은 일차적으로는 지정학적 위치에 기인한 바 크다. 태국은 동남아대륙의 중심부에 위치해 있으면서 역사적으로 수백 년에 걸쳐 인도와 중국을 비롯하여 버마, 크메르, 라오스, 베트남, 말레이시아 등의 이웃 국가들과 꾸준히 문화적 접촉을 해왔다. 이러한 과정에서 타이족은 많은 이민족의 문화와 융합 또는 통합을 거듭하면서 문화적 중층성을 띠게 되고 음식문화 또한 복합적인 성격을 갖게 되었다.

현재 태국 국민의 75% 이상을 차지하는 타이족의 기원은 본래 중국의 한족이 남진하여 양쯔강 유역을 거쳐 인도차이나 반도로 유입해 들어왔다는 설이 유력하다. 타이족은 13세기 경에 짜오프라야강 유역에 수코타이 왕국을 건설하면서 기존의 몬족과 크메르족의 문화를 흡수하였다.

수코타이는 인도, 중국과 활발히 문화교류를 하였다. 이때부터 인도와 중국의 음식문화가 태국에 유입되기 시작한 것으로 보인다. 이후 수코타이 시대를 지나 아유타야 시대에 들어서면서 타이족은 그 세력이 오늘날 태국의 남단에까지 이르렀고, 이 시기에 인도의 커리가 크메르를 거쳐 태국의 왕실에 소개되었다.

현 왕조인 차크리 왕조시대 후반부인 19세기에는 중국인의 이민이 늘어나면서 태국 내에 중국계 인구가 증가하고 자연스럽게 중국의 음식문화가 태국에 유입되었다.

라마 5세 통치기간에는 서양과의 교류가 활발해지면서 서구 문화가 태국에 들어왔으나 이는 주로 왕실과 귀족층에 한정되고 일반 서민들의 문화에는 크게 영향을 주지 못했다.

태국 음식이 발전해온 과정을 통해 짐작할 수 있듯이 오늘날 태국음식의 기원이나 유래를 따져보면 매우 복잡하다.

한국의 죽에 해당되는 "쪽"이나 여러 가지 탕과 볶음류 또한 중국 음식의 변형이라고 볼 수 있다. 이 밖에도 태국의 후식 중에서 계란을 넣어 만드는 "퓌이텅", "텅엿", "쌍카야", "텅입" 등은 아유

타야 시대에 포르투갈과 프랑스의 영향을 받아 태국으로 유입된 음식들이다. 한편, 태국의 남부 지방에는 말레이시아와 국경을 접하고 있는 5개의 주가 있다.

이 지역에는 이슬람교를 신봉하는 말레이족들이 많이 모여 살고 있는데 이들은 종교적 계율에 따라 돼지고기를 먹지 않으며 일반 태국인들과 또 다른 음식문화를 가지고 있다.

2. 지역별로 다양한 토속 음식

태국은 각 지역마다 맛과 재료가 다른 토속 음식이 발달하였다. 북부 지방 음식은 다른 지역에 비해 상대적으로 덜 자극적인 편이며 맵고, 짜고, 신맛은 즐기지만 단맛은 좋아하지 않는다.

북부 지역은 주로 산이 많고 지대가 높아서 찹쌀을 주식으로 하여 채소와 "남프릭엉"이라는 태국식 고추장, 그리고 국 또는 찌개와 같이 먹는다. 또 북부지방은 "냄"이라는 태국식 소시지가 유명한데, 이것은 다진 돼지고기를 절인 것을 넣어 만든 것으로 시큼한 맛과 독특한 향이 난다.

동북부 지방 음식은 주로 맵고, 짜고, 시다. 동북부 지역에서 애호하는 음식은 "쏨땀"과 "꺼이", "랍"등이다. "쓰아렁하이(호랑이가 운다)"라는 재미있는 이름이 붙은 불고기류의 음식이 있는데, 고기가 하도 질겨서 호랑이가 먹다 울었다고 해서 붙여진 이름이다. 동북부 지방 음식은 조미료를 많이 사용하지만 향신료는 많이 넣지 않는다. 주식은 찹쌀과 "남프릭뿔라라(진한 향이 나는 발효 생선을 넣은 고추장)"를 여러 가지 채소와 함께 먹는다.

중부 지방 음식은 맵고 짜고 달고 시다. 밥은 여러 종류의 고추장, "똠얌꿍"과 같은 국물류와 같이 먹는데, 보통 음식에 조미료와 향신료를 많이 넣는 편이다.

남부 지방은 가장 맵고 자극적이기로 유명하다. "카우얌"과 어간장은 일상적으로 먹는 음식이다. 보통 남부 주민들은 북부 지방보다 음식을 적게 먹으며, 곤쟁이를 소금에 절여 발효시킨 고추장 "남프릭까삐"를 주로 먹는다.

3. 태국인의 식탁을 지키는 주역, 남쁠라

태국 음식의 기본양념으로 짠 맛을 책임지고 있는 것은 소금보다는 어장(魚醬), 즉 "남쁠라"라고 부르는 피쉬 소스이다. 이 때문에 비교적 액젓 향에 익숙한 우리나라 사람들까지도 태국 무침류의 음식이 비리다고 느끼는 경우가 많다.

태국인이 즐겨먹는 대부분의 음식과 반찬류는 이 남쁠라로 간을 한다. 또 삶은 달걀도 남쁠라에 찍어먹는다. 그러므로 남쁠라는 빠질 수 없는 태국음식의 기본 양념이상으로 식탁의 필수품 역할을 한다고 볼 수 있다. 태국 뿐만 아니라, 어장문화를 공유하고 있는

동남아 여러 나라에서 피쉬 소스는-맛과 향의 차이는 있으나-라오스에서는 "남빠"로, 베트남에서는 "느억맘(nuocmam)" 으로 미얀마에서는 "냥파예(nganpyaye)"로, 필리핀에서는 "파티스(patis)"로, 말레이시아에서는 "부두(budu)"로, 인도네시아에서는 "케찹이칸(kecap ikan)"으로 불린다. 이처럼 각기 다른 이름으로 불리기는 하나 모두가 식탁의 주조연으로 활약하고 있는 피쉬소스를 지칭하는 것들이다.

발효음식인 남쁠라는 일반적으로 "까딱"이라는 물고기로 만든다. "까딱"은 영어로는 "인디언 앤초비(Indian anchovy)"로, 멸치의 일종인데 동남아시아와 남아시아에 주로 서식하며 참치의 먹이로 많이 사용되는 물고기이다.

물고기를 잡은 즉시 소금과 일정 비율로 섞어 1년 이상 발효시킨 후 그 액을 정제하여 남쁠라로 사용한다. "까딱" 외에도 민물고기나 생선이 아닌 다른 수산물, 즉 새우나 오징어, 조개 등을 발효하여 어장의 일종으로 사용하기도 하는 점 역시 우리 식문화와 유사하다.

차이점이 있다면, 우리의 액젓은 김치 등 다른 발효 음식을 만드는 양념으로 사용되는 데 비해 태국의 어장은 각종 요리에 양념으로 사용된다는 것이다. 그래서 태국의 어장은 이처럼 태국인의 식탁에서 짠맛과 특유의 풍미와 감칠맛을 선사한다.

4. 다채롭고 자극적인 태국 음식과 찰떡궁합인 태국 음료들

태국음식의 맛을 한마디로 표현하라면 "자극적인 맛"이라고 할 수 있다. 태국사람들은 다양한 자극적인 맛들이 입안에서 조화를 이루는 맛의 향연을 가장 이상적인 음식 맛으로 여긴다.

태국의 대중 음료 중에서 세계적으로 가장 유명한 음료는 단연 "차타이"이다. "차타이"는 "차옌" 또는 "차놈옌"이라고도 부르는데, 실론티를 진하게 우려서 우유와 설탕을 타거나 연유를 섞어 얼음과 함께 차게 마시는 음료이다.

차의 향과 연유의 향이 어우러진 차타이는 태국 음식과 찰떡궁합이다. 외국인들도 매우 선호해서, 2012년 씨엔엔고(CNNgo)에서 조사한 전 세계 음료 순위에서 태국 음료로는 유일하게 27위에 랭크되기도 했다. 당시 1위를 차지한 것은 "물" 이었다.

"차타이" 이외에도 일반적으로 식사와 함께 많이 먹는 음료로는 "오리앙"이라는 블랙 커피와 "껙후아이(국화차)","차담옌(홍차에 우유를 넣은 음료)" 등이 있다.

부록

태국의 교육

제1장

태국의 교육제도

1. 태국 교육제도의 구조

태국 학교는 가르치는 방법이 옛날식인 경우가 많고 한 학급당 학생 수는 30~40명이다. 학생들은 많은 시간을 책상 앞에 앉아 있고 교사는 칠판 앞에 서서 가르친다. 특히 어린 학년의 수업내용은 거의가 기계적인 반복 학습이다. 그러나 일반적으로 타이의 교육제도는 한국의 교육제도와 비슷하다.

초등학교 6년 졸업 후 중고등학교 6년을 졸업해야 대학에 갈 수 있다. 대학 4년을 나오면 학사 학위를 받을 수 있고 그 후 대학

원에서 2년간 학점을 따고 연구해야 석사학위를 받을 수 있다. 박사학위는 2~6년 연구 생활을 해야 받을 수 있다. 학기는 6~10월, 12~3월, 여름학기는 4~5월이다.

신입생은 약 반 정도가 고교 졸업생이고 나머지 반 정도는 국가시험에 합격한 학생이다. 언어는 태국어를 사용하지만 영어를 사용하는 대학이나 학부도 있다.

명문 대학은 공립대와 사립대로 분리하고 이들 대학 안내는 알파벳 순으로 배열하였다. 각 대학의 소개는 교명, 주소, E-mail, 개설 학과, 학비, 역사 등을 중심으로 다루었다.

고등교육은 두단계로 분류된다. 자격증과 학위 수료증이다. 교육부가 고등교육을 책임지고 있다. 태국교육계는 공립과 사립대학으로 구성되었다. 타이의 공립대학은 자율적으로 운영한다.

등록금과 기타 학비는 대학마다 차이가 있다. 학사 학위는 대개 4년을 요구하나 건축학과 약학은 5년, 의학 · 치의학 · 수의학은 6년을 요구한다.

학사학위는 GPA가 2.0이상이어야 한다. 학사학위 다음 학위는 석사 학위다. 석사학위는 학사학위를 최소한 2년을 더 수학해야한다.

석사학위는 GPA가 2.5 이상이어야 하고 연구 실적이 있어야 한다. 박사학위를 받기 위해서는 GPA 3.0이상이어야 하고 학위 연구 논문이 있어야 한다.

2. 고등 교육기관 입학

대학 입학을 위해서는 고등학교를 졸업 및 그 이상의 학업성적이 있어야하고, GPA 2.0 이상이어야 한다. 이상이 Sukhothai Thammathirat 과 Ramkhamhaeng 대학을 제외한 고등대학들의 입학 조건이다. 타교 전학시에도 학점과 직업학교 자격 등은 인정된다. 학교 학생수는 대학에 따라 다르며 특별과학, 공학 기술, 스포츠 프로그램이 있다. 일반 대학 입시는 공립 대학에서 실시된다.

3. 외국인을 위한 태국 학교

태국의 국적을 갖지 않은 사람은 외국학생으로 취급한다. 이들 외국인학생은 고교 졸업 및 같은 수준이어야 하고, 영어 시험과 면접 등이 필요하다. 외국 학생들은 태국어를 할 줄 알아야 한다. 그러나 일부 대학 등에서는 영어로 국제 프로그램을 제공한다. 외국인 학생들은 인정을 받기 위해 교육부에서 면접하는 학점을 갖추어야한다.

태국에는 현재 외국인 거주자의 자녀들을 위한 아주 폭넓은 교육의 기회가 마련되어 있는데, 태국에 오는 외국인들이 거의 고려 대상으로 삼지 않는 태국 학교부터 소개해본다. 외국인이 자녀들을 태국 학교에 보내는 것은 합법적이지 않지만 거기에 대해 신경 쓰는 사람은 아무도 없다. 특히 한쪽 부모가 태국인이거나 수업료를

내는 사립학교라면 더욱 신경 쓸 필요가 없다.

그러나 외국인 아이가 태국어를 배울 경우 태국인 학생과 같이 공부하는 이런 환경이 꼭 나쁜 것만도 아니다. 시골에서는 학교에 있는 많은 수의 학생들이 집에서 태국 북부 지방인 캄무엉Khammuang 방언이나 동북부 이상 Issan 지방 방언, 또는 소수민족 언어를 사용하기 때문에 학교에서 외국인 아이들과 같은 수준의 태국어를 배우고 있다.

벽지에 살고 있지 않더라도, 아이가 어릴수록 태국 학교에 보내는 것은 생각해볼 만한 일이다. 방콕에 있는 몇몇 태국 보육학교의 수준은 매우 좋다. 7세 이하 자녀라면 부유한 태국 아이들과 함께 놀이를 하고 태국어와 영어를 동시에 배울 기회다. 초 · 중등학교와는 달리 회사에서 보육학교의 학비를 대주지는 않지만 다행히 그 비용은 그다지 비싸지 않다.

자녀들이 태국 보육학교를 다녔다면 태국 초등학교에도 적응하기 쉽다. 초등학교 수준의 교과과정은 전국적으로 같으며 가르치는 언어는 표준 태국어이다. 1학년 6~7세의 아이들은 태국 알파벳을 외우는 것으로부터 시작해 첫 1년 동안 처음부터 광범위하고 기본적인 언어공부를 한다.

아이들은 교복을 입으며, 학교에서 보내는 시간은 보통 오전 8시에서 오후 3시 30분까지이다. 사실 태국에 있는 대부분의 외국인 거주자들은 인터내셔널 스쿨, 즉 국제학교에 다닌다. 태국 내에는 상당히 많은 수의 국제학교가 있으니 본국에서 미리 몇 개 학교를 선정해 접촉해보기를 권한다.

어떤 학교들은 학년의 중간이나 학기 중에 입학하는 것을 허용하지만 또 어떤 학교들은 그렇지 않다. 비슷한 조건의 학교들이라면 집에서 제일 가까운 곳으로 정하는 것이 좋다. 이제는 옛날처럼 태국어를 할 줄 아는 외국인이 태국에서 신기한 존재는 아니지만 외국인이 태국인에게 태국어로 말하는 일은 여전히 높은 평가를 받으며, 더불어 상호작용의 길이 열리게 된다.

태국에 도착해 처음에는 바쁘기 때문에 태국어 배우는 일을 나중으로 미룬다면 그리 좋은 생각이 아니다. 외국인이 일에 착수하고 나면 태국어를 배우는데 쓸 시간을 내기 어려워지게 되기 때문이다.

제2장

태국의 명문 대학 (공립 대학)

1. Asian Institute of Technology

주소 : P.O. Box 4, Klong Luang, Pathumthani 12120 Thailand

E-mail : erco@ait.ac.th

학부 : 공학 및 기술부, 환경개발, 경영, 미래정보

역사 : 1959년 개교

기타 : 교수 90명. 학생 2,250명

2. Burapha University

주소 : 169 Long Had Bangsaen Rd, Tambon Saen Suk,
Muang Bongsaen 20131, Thailand

E-mail : bucc@buu.ac.th

학부 : 해양과학, 역사학, 보건학, 교육학, 공학, 예술, 관광학, 해양공학, 약학, 의학, 간호학, 정치학, 체육학

학기 : 2학기제

강의 언어 : 태국어

학위 : 학사 4년, 석사 2년

역사 : 1955년 개교

3. Buriram Rajabhat University

주소 : 439 Jira Rd, Tambon Nai Mueang, Amphoe Mueang Buri Ram,
Chang Wat Buri Ram 31000, Thailand

E-mail : bru.webmaster@gmail.com

학부 : 농학부, 교사, 인류사회학, 산업공학, 경영학, 과학, 미래정보

역사 : 1930년 개교

강의언어 : 태국어, 영어

학위 : 학사, 석사

4. Chandrakasem Rajabhat University

주소 : 39/1 Ratchadaphisek Road, Khwaeng Chan Kasem,

Huai Khwang, Bangkok 10900, Thailand

E-mail : khongsak-aresanaswan@yahoo.com

학부 : 농생물학, 대체 의학, 인문사회학, 경영학, 과학, 공학, 가정학, 수학

역사 : 1941년 개교. 2004년부터 현상유지

강의 : 태국어

학위 : 학사, 석사, 박사

5. Chiang Mai University

주소 : 239, Huay Kaew Road, Muang District, Chiang Mai Thailand, 50200

E-mail : opXXo004@Chiangmai.ac.th

학과 : 농학, 농공학, 의학, 경영학, 치의학, 경제학, 교육학, 공학, 미술,

인류학, 의학, 간호학, 약학, 자연과학, 사회학, 수의학

역사 : 1964년 개교

학위 : 학사 4년, 석사 2년

교류 : 60여개 국제 대학

와트 프라타트 도이수텝으로 가는 도중에 시에서 북서쪽으로 약 4km 떨어진 곳에 광대한 캠퍼스를 가진 대학. 의학부, 미술학부 등 11개 학부에 약 8,000명의 학생이 공부하고 있다. 1964년 창

설된 이 대학은 비교적 역사는 짧지만, 방콕의 타마사트 대학이나 출랄롱콘 대학과 더불어 일류 대학으로 지목 받고 있다. 캠퍼스 서쪽에는 산악 민족을 연구하고 있는 산악 민족연구소 Hill Tribal Research Centre 가 있다. 일반인에게 공개되고 있는 전시실도 있으며, 산악 민족의 여러 가지 공예품이나 생활양식을 보여 주는 전시품이 흥미롭다.

6. Chulalongkorn Unive rsity

주소 : 254 Phyathai Rd. Bangkok 10330

E-mail : int.off@chula.ac.th

학과 : 응용보건학, 설계학, 예술, 회계학, 미술, 영화, 치의학, 경제학, 교육학, 공학, 예술학, 법학, 의학, 간호학, 약학, 정치학, 심리학, 자연과학, 수의학

연구소 : 대학원, 동양연구 생공학 및 유전공학, 환경학, 보건학, 언어학, 해양학, 재료공학, 동양경영학, 사회연구, 타이연구

승마클럽

역사 : 1902년 개교. 1917년에 대학교를 발전

기타 : 교수 2,950명. 외국인 포함 학생 27,236명

라마 5세가 창설한 타이 최고의 명문 대학. 수

많은 고급 관료와 비즈니스맨, 군인 등 엘리트를 배출하고 있는 대학으로 학생들도 고위층 자녀가 많다. 교풍은 보수적이지만 풍부한 자금이 있기 때문에 어학 센터, 부속병원 등이 충실하게 완비되어 있다. 근처에 경마장과 스포츠클럽이 있다. 이 대학 인문학과 전공으로 학위를 받으면 성공한 사람으로 본다.

7. Kasetsart University

주소 : 50 Phaohn Yothin Road, Bang khen, Bangkok 10900

E-mail : fro@nontri.ku.ac.th

학부 : 농업부, 농공학, 경제, 경영, 교육, 공학, 수산학, 삼림학, 인류학, 과학부, 사회과학, 수의학

연구소 : 동물, 작물, 식품 및 식공학, 농업, 열대식물

역사 : 1917년에 농학부에서 출발. 1928년 대학으로 개편, 1943년 대학교 문교부 인가

학위 : 학사 4년, 석사 2년, 박사 3년

기타 : 기숙사 3,300실. 도서 125,000권. 교수용 도서 46,000권. 학생 14,120명. 교수 1,400명

8. Khan Kaen University

주소 : 123 Friendship Hishway, Amphur Muang, Khan Kaen 40002

학부 : 농학, 건축학, 의학, 치의학, 교육학, 공학, 예술학, 인류 및 사회학,

경영학, 간호학, 약학, 보건학, 과학, 기술학, 수의학

연구소 : 예술 및 문화, Computer, 교육학부

역사 : 1964년 개교

교류 : 세계 10개국 대학과 자매결연

학위 : 학사 4~5년, 석사 2년, 박사 6년

기타 : 도서 34만권. 교수 2,110명. 학생 34,000명

9. King Mongkuts Institute of Technology Ladkrabang

주소 : Chalongkrung Road, Ladkrabang District, Bangkok, 10520

E-mail : inter@kmitl.ac.th

학부 : 농공, 설계, 공학, 산업교육, 정보과학, 자연과학

역사 : 1960년 개교. 1986년 현재 대학으로 발전

학위 : 학사, 석사, 박사

기타 : 기숙사 남녀 각각 50실. 도서(영문 24만, 태국어 24만) 교수 800명. 학생 14,313명

10. King Mongkuts institute of Technology North Bangkok

주소 : 1518 Pibulsongkran Road, Bangue, Bangkok 10800

E-mail : iro@kmitnb.ac.th

학부 : 응용 과학, 공학, 기술교육, 기술 및 산업 경영, 기술

연구소 : 컴퓨터, 정보기술, 기술교육 발전, 산업 기술발전, 정보, 역사

역사 : 1959년 개교

기타 : 도서 12만권. 교수 684명. 학생 11,650명

11. King Mongkuti University of Technology Thonburi

주소 : 91 Suksawal 48 Road, Kwaeng Bangmod, Thungkruh, Bangkok 10140

E-mail : admin@cc.kwuat.ac.th

학부 : 공학, 산업교육, 과학, 건축, 에너지 및 재료, 정보기술, 예술, 컴퓨터

역사 : 1960년 개교

교류 : 50여개국 대학과 자매결연

학위 : 학사, 석사, 박사

기타 : 기숙사 6,550실. 도서 146,000권. 교수 1,221명. 학생 8,541명

12. Maejo University

주소 : Sansai Phra Road, Sansai, Chiang Mai 50290

E-mail : superf@maejo.mju.ac.th

역사 : 1934년 개교. 1976년 학위 제도 설립

기타 : 기숙사 1,500실. 도서 56,210권.

교수 400명. 학생 4,420명 (야간학생 220명)

13. Mahasarakham University

주소 : Tanbon Kamriang, Kantarawichal District, Mahasarakham, 44150

E-mail : hatais@hotmail.com

학부 : 회계 및 경영, 건축, 교육, 공학, 컴퓨터, 예술, 인류학, 사회과학, 간호, 약학, 보건학, 과학, 기술학

역사 : 1968년 개교. 1994년 현 대학명으로 변경

학위 : 학사, 석사, 박사

기타 : 교수 3,000명. 학생 46,000명. 도서 39만권

14. Mahidol University

주소 : 999 Phutthamonthon Sai 4 Rd, Tambon Salaya, Amphoe Phutthamonthon, Chang Wat Nakhon Pathom 73170, Thailand

E-mail : orbsw@mahidol.ac.th

학부 : 치의학, 공학, 환경자원연구, 의학공학, 의학, 간호학, 약학, 공중보건, 과학, 사회화학, 인문학, 교육학, 열대의학, 수의학, 국제학, 경영학, 음악, 운동과학, 영양학, 인구 및 사회 연구

역사 : 1888년 개교(의학). 1969년 현위치로 발전

교류 : 100여개 국제대학

학위 : 학사, 석사, 박사

기타 : 기숙사 3,100실. 도서 55만권. 교수진 3,600명. 학생 28,000명

15. Naresuan University

주소 : 99 Moo 9 Tambon Thapho, Muang District Phitsanulok 65000, Thailand

E-mail : international@nu.ac.th

학부 : 농학, 자연자원, 환경학, 응용보건학, 치의학, 교육학, 공학, 인류학, 사회과학, 의학, 간호학, 약학, 태양에너지 연구

역사 : 1990년 개교

기타 : 도서 115,100권. 교수 1,260명. 학생 26,000명

16. National Institute of Development Adminitrator, Bangkok

주소 : 118 Sereethai Road, Klong Chan, Bangkapi, Bangkok 10240

E-mail : pmida@ac.th

학부 : 응용통계, 경영학, 개발경제, 언어 및 정보, 공중행정, 사회개발, 인간자원개발, 정보교육, 도서 정보과학

역사 : 1955년 개교. 1966년 현위치로 발전

교류 : 10개 국제대학

기타 : 도서 17만권. 교수 257명. 학생 2,181명

17. Prince of Songkhla University

주소 : 15 Kamjanavanich Rd, Kho Hong, Amphoe Hat Yai, Chang Wat Songkhla 90110, Thailand

E-mail : psu-international@psu.ac.th

학부 : 농공, 치의학, 교육학, 공학, 환경경영, 호텔 및 관광 경영, 인문 사회과학, 경영학, 의학, 자연자원, 간호학, 약학, 과학, 수학, 물리학, 과학공학, 미술, 컴퓨터

역사 : 1967년 개교

교류 : 40여개 국제대학

기타 : 교수 1,300명. 학생 1만명

18. Ramkhamhaeng University (Open University)

주소 : 2086 Ramkhamhaeng Rd, Khwaeng Hua Mak, Khet Bang Kapi 10240, Thailand

E-mail : admin@ ranl.ru.ac.th

교류 : 11개국 대학과 자매결연

학부 : 경영, 경제, 교육, 인류학, 정치학, 과학, 미래정보

역사 : 1971년 개교. 1977년에 현위치에 도달

기타 : 도서 12,670권. 교수 790명. 학생 41만명

19. Silpakorn University

주소 : Na Phralan Road, Bangkok 10200

E-mail : foraff@su.ac.th

학부 : 고고학, 건축학, 예술, 장식예술, 교육, 산업공학, 페인팅, 조각, 그래픽아트, 약학, 과학, 컴퓨터

개교 : 1934년 예술학교로 개교. 1943년대 현상태유지

교류 : 10개 국제 대학과 자매 결연

기타 : 기숙사 2,000실. 도서 30만권. 교수 645명. 학생 6,025명

Silpakorn University

20. Srinakharinwirot University

주소 : 114 Sukumvit Rd, Soi23, Wattana District, Bangkok 10110

E-mail : ird@psm.swu.ac.th

학부 : 교육, 공학, 미술, 인간학, 의학, 제약학, 체육, 과학, 사회과학

역사 : 1949년 개교. 1974년 현상태 유지

교류 : 약 100개 국제대학과 자매결연

기타 : 도서 39만권. 교수진 1,247명, 학생 15,499명

21. Sukhothai Thammathirat Open University

주소 : Chaengwattana Rd. Bangpood, Pakkret Nonthaburi 11120 Thailand

E-mail : if.proffice@stou.ac.th

학부 : 농학, 경제, 교육, 건강학, 가정학, 법학, 교양, 관리학, 정치학, 과학, 기술학

역사 : 1978년 개교. 1980년 처음 입학생 입학

학기 : 7~10월. 12~4월

교류 : 10여개 국제 대학

기타 : 도서 10만권, 교수 400명, 학생 21만명

22. Suranaree University of Technology

주소 : 111 University Avenue, Muang District, Nakhon Rachasima 30000

E-mail : Cenintaf@sut.ac.th

학부 : 농공, 공업, 의학, 자연과학, 사회기술

역사 : 1990년 개교

학기 : 5~9월, 9~2월, 2~5월

교류 : 20여개국 대학

학위 : 학사4년, 석사 2년, 박사 2~3년

기타 : 도서 5만5천권. 교수 204명. 학생 12,557 명

23. Thammasat University

주소 : 2 Prachan Road, Tha Prachan, Bangkok 10200. Tel. +66(2) 221 6111

학부 : 상업, 회계학, 경제, 공학, 국제 회계학, 국제 경제, 신문학, 법학, 도서학, 예술, 의학, 과학, 기술학, 사회행정, 교육학, 동아시아, 언어학, 타이어

역사 : 1934년 개교. 1954년 개명

학기 : 6~10월, 11~3월

교류 : 10여개 대학

기타 : 도서 82만. 교수 3,477명. 학생 13,280명

쭐라롱껀 대학과 함께 쌍벽을 이루는 태국에서 최고로 손꼽히는 명문 대학. 1934년에 법학과 정치학부를 중심으로 설립됐다.

80년대 후반~ 90년대 초반에 연달아 일어났던 쿠데타에 대항해 민주화 항쟁을 이끌었으며 시위 당시 군인의 총격에 의해 많은 희생자가 발생하기도 했다.

이를 기리기 위해 캠퍼스 내에 민주 기념탑 모형을 세워놓았고, 학교 앞 거리도 총격이 발생한 날을 따 '8월 16일 도로'라고 명명되었다. 왕궁에서 가까워 한번쯤 들러볼만하다.

여행자 입장에서 더욱 즐거운 것은 학생 식당에서 저렴하게 식사도 할 수 있다. 사회학 분야에 많은 인재를 배출했다. 한국어 과

목이 선택 과목으로 등장하고 있다.

24. Ubon Rajathanee University

주소 : 85 Sathoulamaik Road, Ubon Rat chalkani 34190

E-mail : ira@ubo.ac.th

학부 : 농학, 공학, 예술학, 문학, 경영학, 제약학, 과학

역사 : 1987년 개교. 1990년부터 현상태

기타 : 교수 450명, 학생 2,699명

25. Walahak University

주소 : 222 Thumbon Thai buri, Thasala District,
Nakhon si Thammarat 80160

E-mail : Wu@pradun.wt.ac.th

학부 : 농공, 보건학, 산업 및 지원 공학, 정보학, 예술학, 경영학, 간호학, 과학

역사 : 1922년 개교

학기 : 5~8월, 9~12월, 1~3월

기타 : 기숙사 450실. 교수 55명. 학생 860명

제3장

태국의 명문 대학
(사립 대학)

1. Asian Institute of Technology (AIT)

주소 : PO Box4, Km 42, Phaholyothin Hishway,

Klong Luang Pathumtham 12120

E-mail : Omis@ait.ac.th

학부 : 도시공학, 환경 자원 및 개발, 경영학, 컴퓨터 공학, 평생교육,

교육, 언어학, 도서관학, 미래정보학

역사 : 1959년 개교. 1967년 사립대로 전환

학기 : 9~12월, 1~4월, 5~8월

학위 : 석사 5학기, 박사 과정 9학기

강의언어 : 영어

교류 : 세계 30여개 대학

기타 : 도서 19만권. 교수 215명. 학생 1,334명

2. Assumption University

주소 : 682 Soi ramkhanbaeng 24, Huamark, Bangkapi, Bangkok 10240

E-mail : abac@au.ac.th

학부 : 설계, 예술, 생공학, 경영학, 상법, 공학, 간호학, 과학 및 공학,
컴퓨터 공학 경영, 상담심리, 교육학, 철학, 종교학

역사 : 1964년 개교. 1972년 현 대학 유지

학기 : 6~10월. 11~3월. 4~5월

강의언어 : 영어

교류 : 22개 국제 대학

학위 : 학사 4년, 석사 2년, 박사 3~5년

기타 : 도서 50만권. 교수 1,285명. 학생 16,859명. 외국학생 4,000명

3. Bangkok University

주소 : 40/4 Rama 4 Road, Phra Khanong, Bangkok 10110

E-mail : Mathana@lily.bu.ac.th

학부 : 회계학, 경영학, 예술학, 경제학, 공학, 미술학, 인문학, 법학, 과학

역사 : 1962년 개교. 1984년 현상태 유지

학기 : 6~10월. 11~3월. 국제 대학은 학기가 다름

강의언어 : 영어

기타 : 기숙사 8,230실. 도서 6,630권. 교수 1,558명.

학생 22,135명(외국학생 63명)

4. Dhurakijpundit University

주소 : 1101-4 Prachachuen Road, Don Muang, Bangkok 10210

E-mail : dpuinfa@dpu.ac.th

학부 : 회계학, 경영학, 예술학, 경제학, 공학, 인문학, 법학

역사 : 1968년 개교. 1984년 현 자격 유지

학기 : 6~10월, 11~3월, 4~6월

강의언어 : 태국어, 영어

기타 : 도서 14만권. 불교잡지 출판. 교수 580명. 학생 16,000명

5. Huachie Chalermpakiet University

주소 : 18118 Bangna-Trad Road km 18, Bangphel District,

Samutprakarn 10540

E-mail : pra@heu.ac.th

학부 : 경영학, 예술학, 의학공학, 간호학, 약제조학, 피지칼 요법,

궁중 및 환경 보건, 과학 및 공학, 사회복지, 미래학

역사 : 1938년 개교, 1992년 현 교명 유지

강의언어 : 영어, 태국어, 중국어

교류 : 10개국의 국제 대학

기타 : 도서 8만권. 교수 644명. 학생 6801명

6. Kasem Bandit University

주소 : 991101 Soi Akhanay, Phatanakarn Road, Bangkok 10260

학부 : 건축, 경영학, 예술학, 공학, 법학, 예술학, 과학

역사 : 1987년 개교. 1992년 현상태 유지

7. Krirk University (KRU)

주소 : 43/1111,Rarm Intra Rd., Anusawari, Bang Khen,

Bangkok 10220 Thailand

E-mail : Phakaphan@krirk.ac.th

학부 : 경영학, 예술학, 경제학, 법학, 사회학

역사 : 1952년 개교. 1970년 현상태 유지

학기 : 6~10월, 11~3월, 4~6월

기타 : 교수 335명. 학생 3,527명. Part time 1,697명

8. Mahanakorn University of Technology

주소 : 50Moo 1, Chuem Sampan Road, Nong-chok, Bangkok 10530

E-mail : Sitthichai@mut.ac.th

학부 : 경영, 공학, 과학, 수의학

역사 : 1990년 개교. 1994년 현상태 유지

학위 : 학사, 석사, 박사

9. Payap University Chiang Mai

주소 : Chiang Mai 50000

E-mail : president@payap.ac.th

학부 : 회계학, 재정학, 은행, 인류학, 법학, 간호학, 사회과학, 종교학

역사 : 1974년 개교. 1984년 사립대로 발전

학기 : 5~10월, 11~3월

강의언어 : 태국어, 영어

교류 : 10여개 국제 대학

기타 : 도서 3만권. 교수 376명. 학생 9,361명

10. Rangsit University

주소 : Phaholyothin Road, Lakhok, Pathum Thami 12000

E-mail : webmaster@rsu.ac.th

학부 : 건축, 생의학, 경영학, 예술, 경제, 미술, 법학, 의학, 간호학, 약학, 물리치료

역사 : 1985년 개교. 1990년 현상태 유지

학기 : 6~7월, 8~12월, 1~5월

강의언어 : 태국어, 영어

교류 : 10여개 국제 대학

기타 : 기숙사 3,000실. 도서 14만9천권. 교수 1,590명. 학생 12,494명

11. Saint John's University

주소 : 1110/1-11 Vipavadee-Rangsit Road, Salujak, Bangkok 10900

E-mail : info@stjohn.ac.th

학부 : 경영학, 공학, 예술, 인류학, 상업 예술, 교육, 법학

역사 : 1989년 개교

학위 : 학사, 석사, 박사

12. Sian University

주소 : 235 Phetkasem Road, Phasicharoen, Bangkok 10163

E-mail : info@siamith.edu

학부 : 경영, 광고, 정보, 잡지, 공학, 법학, 미술, 간호학, 과학

역사 : 1965년 개교. 1986년 현 교명 유지

학기 : 6~10월. 11~3월. 4~5월

강의 : 태국어, 영어

교류 : 16개 국제대학

기타 : 도서 2만권. 교수 751명. 학생 15,000명. 외국학생 44명. 야간생 2,425명

13. South -East Asia University

주소 : 1911 Phetkasem Road, Nong–Khaen, Bangkok 10160

E–mail : info@sau.ac.th

학부 : 경영, 공학, 산업공학, 법학

역사 : 1973년 개교

기타 : 학생 5,000명

14. Sripatum University

주소 : 61 Phahonyotin Road, Chatuchak, Bangkhen, Bangkok 10900

E–mail : infc@spu.ac.th

학부 : 회계학, 건축학, 경영학, 예술, 경제학, 공학, 법학, 인문학

역사 : 1970년 개교. 1987년 현상태 유지

강의언어 : 태국어, 영어

교류 : 13개 국제대학

기타 : 기숙사 16,990실. 도서 72,364권. 교수 1,400명. 학생 15,674명.

15. The University of the Thai Chamber of Commerce

주소 : 12611 Vihavadoo Rangsit Road. Din Dang, Huay Kang,
Bangkok 10400

학부 : 회계학, 경영학, 예술, 정보학, 신문학, 공학, 인문학, 법학, 과학, 기술학

역사 : 1940년 개교. 1984년 현재 대학 유지

기타 : 도서 14만3천권. 교수 430명. 학생 2만3백명. 야간생 5,100명.

16. Vongchavalitkul University

주소 : 700 Muang District, Nakhorn Ratchasima 30000

학부 : 경영학, 정보학, 예술학, 경제학, 공학, 법학, 건축학, 교육학, 간호학, 공중보건, 미래정보

역사 : 1984년 개교

학위 : 학사, 석사, 박사

기타 : 교수 205명. 학생 2,790명

참고 및 인용 문헌

권태명, 자유 자재 동남 아시아. 동아 출판사. 1996

김성기, 코스따라 세계여행 동남아시아. 민서출판사. 2000

로버트 쿠퍼 &난타파 쿠퍼(김양희 옮김). 태국. 휘슬리. 2005

박경은, 정환승. 태국 다이어리. 여유와 미소를 적다. 도서출판 눌민. 2016

성희수, 방콕 100배 즐기기. RHK. 2013

AATNB, 태국 100배 즐기기, RHK. 2017

이하성, 이형숙 부부, 여행에 미친닥터 부부2, 예가. 2012

차종환, 영국의 명소와 명문대학, 나안출판. 1998

차종환, 불란서의 명소와 명문대학, 나안출판. 1998

차종환, 이태리의 명소와 명문대학, 나안출판. 1998

차종환, 스위스의 명소와 명문대학, 나안출판. 2000

차종환, 독일의 명소와 명문대학, 나안출판. 2000

차종환, 중국의 명소와 명문대학, 나안출판. 2000

차종환, 캐나다의 명소와 명문대학, 나안출판. 2001

차종환, 체코와 슬로바키아의 명소와 명문대학, 나안출판. 2002

차종환, 오스트리아의 명소와 명문대학, 나안출판. 2002

차종환, 일본의 명소와 명문대학, 나안출판. 2002

차종환, 호주의 명소와 명문대학, 나안출판. 2003

차종환, 인도네시아의 명소와 명문대학, 나안출판. 2003

차종환, 멕시코의 명소와 명문대학, 나안출판. 2006

차종환, 이것이 북한 교육이다, 나안출판. 2009

차종환, 유대인 자녀교육, 대원출판. 2017

Miek Shippen, Enchanting Thailand, Asia Books. 2011

Rosalyn, Thiro, Thailand, Penguin Random House. 2016